❶ 物理定数

物理量	概数値
標準重力加速度	9.8 m/s^2
万有引力定数	$6.67 \times 10^{-11} \text{ N} \cdot \text{m}^2/\text{kg}^2$
絶対零度	$-273 \text{℃} \ (= 0 \text{K})$
アボガドロ定数	6.02×10^{23} 個/mol
ボルツマン定数	$1.38 \times 10^{-23} \text{ J/K}$
理想気体の体積 (0℃, 1atm)	$2.24 \times 10^{-2} \text{ m}^3/\text{mol}$
気体定数	$8.31 \text{ J/(mol} \cdot \text{K)}$
乾燥空気中の音の速さ (0℃)	331.5 m/s
真空中の光の速さ	$3.00 \times 10^8 \text{ m/s}$
クーロンの法則の定数 (真空中)	$8.99 \times 10^9 \text{ N} \cdot \text{m}^2/\text{C}^2$
真空の誘電率	$8.85 \times 10^{-12} \text{ F/m}$
真空の透磁率	$1.26 \times 10^{-6} \text{ N/A}^2$
電気素量	$1.60 \times 10^{-19} \text{ C}$

❷ 10^n を表す接頭語

乗数	記号	(接頭語)	乗数	記号	(接頭語)
10^{24}	Y	(ヨタ)	10^{-1}	d	(デシ)
10^{21}	Z	(ゼタ)	10^{-2}	c	(センチ)
10^{18}	E	(エクサ)	10^{-3}	m	(ミリ)
10^{15}	P	(ペタ)	10^{-6}	μ	(マイクロ)
10^{12}	T	(テラ)	10^{-9}	n	(ナノ)
10^9	G	(ギガ)	10^{-12}	p	(ピコ)
10^6	M	(メガ)	10^{-15}	f	(フェムト)
10^3	k	(キロ)	10^{-18}	a	(アト)
10^2	h	(ヘクト)	10^{-21}	z	(ゼプト)
10^1	da	(デカ)	10^{-24}	y	(ヨクト)

❸ 基本単位

物理量	記号 (単位名)
質量	kg (キログラム)
長さ	m (メートル)
時間	s (秒)
物質量	mol (モル)
電流	A (アンペア)
絶対温度	K (ケルビン)

❹ 組立単位

物理量		参考
速度		
加速度		
平面角	rad (ラジアン)	
回転数, 振動数, 周波数	Hz (ヘルツ)	
力	N (ニュートン)	
力のモーメント	N・m (ニュートンメートル)	
圧力	Pa (パスカル)	$1 \text{ Pa} = 1\text{N/m}^2$
	N/m² (ニュートン毎平方メートル)	
	atm (気圧)	$1 \text{ atm} \fallingdotseq 1.01 \times 10^5 \text{ Pa}$
力積	N・s (ニュートン秒)	
運動量	kg・m/s (キログラムメートル毎秒)	$1 \text{ kg} \cdot \text{m/s} = 1 \text{ N} \cdot \text{s}$
仕事, エネルギー	J (ジュール)	$(1 \text{ J} = 1 \text{ N} \cdot \text{m})$
仕事率	W (ワット)	$(1 \text{ W} = 1 \text{ J/s})$
温度	℃ (セルシウス度)	
熱量	J (ジュール)	
	cal (カロリー)	$1 \text{ cal} \fallingdotseq 4.19 \text{ J}$
比熱	J/(g・K) (ジュール毎グラム毎ケルビン)	
熱容量	J/K (ジュール毎ケルビン)	
電気量	C (クーロン)	
電位差 (電圧)	V (ボルト)	
電場の強さ	N/C (ニュートン毎クーロン)	
	V/m	
電気容量	F (ファラド)	
電気抵抗	Ω (オーム)	
電力	W (ワット)	
電力量	J (ジュール)	
	Wh (ワット時)	$1 \text{ Wh} = 3.60 \times 10^3 \text{ J}$
磁気量, 磁束	Wb (ウェーバ)	
磁場の強さ	N/Wb (ニュートン毎ウェーバ)	
	A/m	
磁束密度	T (テスラ)	
	Wb/m²	
透磁率	N/A²	
インダクタンス	H (ヘンリー)	
放射能の強さ	Bq (ベクレル)	
吸収線量	Gy (グレイ)	
等価線量, 実効線量	Sv (シーベルト)	

教養基礎シリーズ

まるわかり！
基礎物理

改訂2版

久留米大学 客員教授（生理学）　時政孝行　監修

共立女子中学高等学校 教諭　栗子　研　著

南 山 堂

改版 2 版の序

　本書の初版発刊から10年の月日が経ちました．おかげさまで医療系の大学・短大・専門学校で多数，教科書としてお使いいただきました．この間，ゆとり教育といわれたカリキュラムが見直され，求められる学習時間も学習量も増えました．そして「大学入学者選抜大学入試センター試験」も「大学入学共通テスト」へと形を変え，脱暗記型でグラフの読み取り等の知識の活用能力がより求められるようになるなど，教育に関するさまざまな改革が行われています．また高等学校においては，選択ではあるものの「探求科目」が設置される予定で，自ら考えを深める力の育成がより重視されるカリキュラムになります．

　2020年から執筆現在にかけて新型コロナウイルスが流行し，通学・通勤もままならない状況になるなど，社会的にも大きな変化が起こりました．未来への見通しが立てにくい中で，結果として自主的に考える力は勉学のみならず，社会的にも必要であることを実感せられる機会になりました．また教育現場でもコロナ禍の中でICTの重要性が増し，他国に比べて遅れていた改革が加速しています．本校でも１人１台タブレットを持ち，日常的に使用しています．これら新しい常態（ニューノーマル）に対応するためには，実験等で身につけることができる実感を伴った知識と豊かな想像力が必要で，まさに「生きるため」に自主的に考える力が求められている証左といえるでしょう．

　本書の基本的コンセプトは，次ページの「発刊のことば」にもあるように，「生きる力」を身につけることにあります．今回の改訂では，考える力を鍛えるための「実験してみよう！」の新設，身近な事柄と物理を結び付けられるようになるための「STEP UP」，医療に即した物理を感じてもらうための「ワンポイント物理講座」の追加をそれぞれ行いました．これらは，物理の基礎力を身につけながら，定量的な理解を促し，現場で活用できるようにすることが狙いです．物理式の裏には活き活きとした物理現象があります．人類は自然を観察し，法則を見つけ，それらを活用して生活に応用しているのです．目先の数式に振り回されることなく，その裏の現象をイメージしながら読み進めて下さい．

　最後になりましたが，今改訂を行うにあたりましては，貴重なご意見下さった皆様の声を反映させていただきました．心よりお礼申し上げるとともに，今後とも忌憚ないご意見をいただきたく，よろしくお願い申し上げます．

　2021年2月

共立女子中学高等学校教諭

栗子　研

刊行のことば

　1980年から小学校ではじめられた「ゆとり教育」は，高等学校に至っては2014年に（数学と理科は2013年度に前倒して）終了します．学習内容を削減したこのカリキュラムは約30年間続けられてきましたが，これからは詰め込み型に戻るのではなく，思考力・判断力・表現力の育成を実現するための「生きる力」を重視したカリキュラムに継承されていきます．

　たしかにゆとり教育の成果はありました．しかし教育現場では，世界（特にアジア）の情報化教育，および自然科学教育との隔たりを埋めたくても埋めるだけの時間が確保できないという制約がありました．この30年間，諸外国では瞬く間に情報化社会が根付き，なかでも理数科目の教育水準は確実に底上げされました．

　さて，日本の医学・生命科学・医療技術・看護系の大学ではどうでしょう．国家試験や資格試験のレベルを維持するためにも，ほぼ従来通りの高い教育を実践してきました．しかし，一方では学生の確保のために入学試験において理科の科目を選択制にするなど，どの学部でも入試科目の数を減らしてきました．晴れて大学に入学した学生も，専門の学部や学科に進む前に最低限必要な科目を大学で学ぶ必要が出てきたのです．ゆとり教育の一つの歪みかもしれません．

　今回，私たちは多くの教科書・テキストを検証し，大学や専門学校のシラバスも読み込みました．また，直接，大学教員からの要望も聞いたうえで，今までにない教科書を作りたいと考えました．そして高校教員と大学教員がタッグを組んで作り上げたのが「教養基礎シリーズ」です．文章は高校教員がわかりやすく執筆し，学術的なチェックとレベル調整を大学教員が科目間で行いました．

　必ずや期待に添える教科書に仕上がったと確信しております．そしてお気づきの点やご意見・ご要望等，お寄せいただければ改訂時に反映させたいと考えております．

　最後になりましたが，これから大学生活を送るにあたり，本書があるかぎり高校の分厚い理科の教科書を見直す必要はありません．ぜひ大学生活の第一歩として，シリーズ第一弾である「まるわかり！基礎物理」を活用していただけることをお願い申し上げます．

2011年10月

シリーズ編集

慶應義塾女子高等学校教諭

小 林 秀 明

初版の序

　物理学は私たちの存在する自然界の法則を見つける学問です．自然界に起こる物理現象は，身近な力学から電気のような不思議なもの，原子のような小さくて目に見えないもの，万有引力のような惑星規模の大きなものまでさまざまです．そしてこれらの現象はお互いに関連しており，

- 消しゴムで文字を消して触ったら，熱くなっていた．
- リモコンを押したらテレビがパッとついた．
- 「ピーポーピーポー」と，外から救急車の高い音が聞えてきた．

など，今私たちの目の前で起こっていることすべては，物理法則に従っています．よって医療現場や介護現場でも，医療機器の扱いやボディーメカニクスなど，物理を知らないと困る場面がたくさん出てくるというわけです．

　このように必要不可欠な物理学ですが，皆さんはどんなイメージをもっているでしょうか．なにやら複雑な数式を想像し，難しそうに思う人が多いのではないかと思います．でも数式を恐れないでください．公式や定義式の多くは，私たちが日常の五感で感じることが基準となって作られています．また目に見えない現象でも，イメージすることができるものばかりです．このように数式よりも，日常の経験やイメージのほうがもっと，もっと大切なのです．このポイントが本書の構成上の特徴でもあります．

　第1章は準備編として，文字式や単位，有効数字などを学び，数式に馴れるところから入ります．そして第2章から本編のスタートです．公式を紹介する前に，より大事なイメージについて身近な例や多くの絵によって理解することを優先しました．学ぶ順番は，すべての分野の基礎となる力学から入り，熱力学・波動学・電磁気学・原子分野とスムーズに知識同士がつながるように構成しました．各章の章末には公式や法則の使い方を確認する，簡単な問題も入っています．手を動かしながら理解度を確認してください．

　それでは，自然界のもつ仕組みや原理を発見し，理解していきましょう．思ったよりも楽しい旅のはじまりです．

2011年10月

共立女子中学高等学校教諭

菜子　研

− CONTENTS −

第1章

物理を理解するための道具とルール

本書は2〜6章で「力学」，7章で「熱力学」，8〜9章で「波動」，10章〜13章で「電磁気学」，14章で「原子」を学んでいきます．これらの物理分野，全体にわたって，文字式を使って自然現象を表現したり，数式を計算したりして，答えを検討することがあります．そのため本章では，文字式や数式など，物理で必要な数学の知識についての必要最低限の知識と，物理で扱う「物理量」の注意点について学んでいきます．

キーワード 物理量，有効数字，累乗，三角関数，sin，cos

1 物理で使う数字・文字のルール

物理量には単位が必要

質量や速度など，物理的な性質や状態を表現する量を**物理量***といいます．また物理量を扱うときには，その物理量に対応した単位を添える必要があります．国際単位系（SI）は，m（メートル），kg（キログラム），s（セコンド，秒），A（アンペア，電流の単位），K（ケルビン，温度の単位）などを基本単位とする単位系です．またこれらの単位を組み合わせて表現する単位を**組立単位**といいます．速度を示すm/sは組立単位です．詳しくはp.3のSTEP UP「国際単位」にまとめました．

大きい数，小さい数の表し方

きわめて大きい数字や小さい数字を使うことがあります．たとえば，地球から太陽までの距離はおよそ，1億5千万kmです．これを数字にすると，150,000,000,000 m

となり，0の数が多すぎて間違えてしまうかもしれません．

そこで**累乗**を用いて数字を表します．たとえば，1,000は$10 \times 10 \times 10$なので，10^3となります．逆に0.001は，$\dfrac{1}{10} \times \dfrac{1}{10} \times \dfrac{1}{10}$なので，$\dfrac{1}{10^3}$となり，これを$10^{-3}$と書きます．

このようにして，地球から太陽までの距離を表すと，1.5×10^{11} mとなり，スッキリと間違いなく書くことができます．

またkm，mmなど単位には10^x（10のX乗）を表すものがあります（**表1-1**）．たとえば距離の単位mの例で考えてみると，1 kmは10^3 m，1 mmは10^{-3} mということを表しています．

さて，小さい数として皆さんが復習しなければならないのが，10^{-19}（第10章の電気素量に関連して登場します）

---

*物理量を表す文字はある程度決まっています．たとえば質量はその英語massのmを使い，速度はその英語velocityのvを使います．また物理量にはそれぞれ単位が添えられます．質量であれば1 g，100 g，また質量を示す文字mを使って，m [kg] や m [g] というように表されます．本書では物理量を文字で表すときは，わかりやすいように括弧をつけてm [kg] と表していきます．

表1-1　大きな数と小さな数の接頭語

乗数	記号	接頭語	乗数	記号	接頭語
10^{24}	Y	（ヨタ）	10^{-1}	d	（デシ）
10^{21}	Z	（ゼタ）	10^{-2}	c	（センチ）
10^{18}	E	（エクサ）	10^{-3}	m	（ミリ）
10^{15}	P	（ペタ）	10^{-6}	μ	（マイクロ）
10^{12}	T	（テラ）	10^{-9}	n	（ナノ）
10^9	G	（ギガ）	10^{-12}	p	（ピコ）
10^6	M	（メガ）	10^{-15}	f	（フェムト）
10^3	k	（キロ）	10^{-18}	a	（アト）
10^2	h	（ヘクト）	10^{-21}	z	（ゼプト）
10^1	da	（デカ）	10^{-24}	y	（ヨクト）

などですが, 医療機関では10^{-15}を日常的に使います. 詳しくはp.7のワンポイント物理講座「赤血球とフェムト」で紹介します.

測定値は正確な数字が大切

　理科と数学の違いの1つに有効数字の問題があります. これは理科で扱う数字には, 実際に測定するときに誤差が生じてしまうためです. たとえば物体の長さを測定したとき, 220 cmだったとします. 100 cm = 1 mであるので, 次のように別の形で記述することもできます.

$$220 \text{ cm} = 2.2 \text{ m}$$

　しかしここで問題がでてきます. 220までの3桁が測定した値なのに, 2.2 mだと2.2の次の数が未知でよくわかりません. この場合, 2.20 mと表すように書くと測定値を正確に表現することができます. これを**有効数字**（ゆうこうすうじ）といい, この例の場合, 有効数字は3桁までになります. また0.00022の有効数字は2桁となり, 0.000220の有効数字は3桁です. 頭についている0.000は位取り（くらいどり）のための0なので, 有効数字の桁数に数えません.

有効数字の桁の数え方
- $10 \rightarrow$ 2桁　・$100 \rightarrow$ 3桁
- $2.0 \rightarrow$ 2桁　・$3.00 \rightarrow$ 3桁
- $2.403 \quad \rightarrow \quad$ 4桁
- $0.00400 \quad \rightarrow \quad$ 3桁

　また10の累乗をつけて書くと, 有効数字の桁数がわかりにくいため, 一般的には次のように表記します.

有効数字の表し方
- $0.00022 \quad \longleftrightarrow \quad 2.2 \times 10^{-4}$
　どちらも有効数字2桁
- $0.000220 \quad \longleftrightarrow \quad 2.20 \times 10^{-4}$
　どちらも有効数字3桁

かけ算・わり算

　有効数字の最も少ない桁数（けたすう）**に合わせます.** 計算途中は有効桁数＋1桁で計算していき, 最後に＋1桁を四捨五入します.

例)
$$2.10 \times 1.23456$$
$$\fallingdotseq \underset{3桁}{2.10} \times \underset{3桁＋1桁}{1.235}$$
$$= 2.59\cancel{35}$$

足し算・引き算

　小数点以下の最も少ない桁数に合わせます. 計算途中は有効桁数＋1桁で計算していき, 最後に＋1桁を四捨五入します.

例)
$$1.234 + 234.1$$
$$\fallingdotseq \underset{\substack{小数点以下 \\ 1桁＋1桁 \\ (2桁)}}{1.23} + \underset{\substack{小数点以下 \\ 1桁}}{234.1}$$
$$= 235.3\cancel{3}$$

2 物理で使う数学

分数の計算

　物理の問題を解く過程で，以下のような分数の計算はよく使います．計算できるようにしておきましょう．

分数とわり算の関係

$$a \div b = \frac{a}{b}$$

$$\frac{a}{b} \div \frac{d}{c} = \frac{\dfrac{a}{b}}{\dfrac{d}{c}} = \frac{\dfrac{a}{b} \times bc}{\dfrac{d}{c} \times bc} = \frac{ac}{bd}$$

STEP UP 国際単位

　1960 年に開催された第 11 回国際度量衡総会で長さや重さなどを比較する際の基準として**国際単位系**（International System of Units：SI）が採択されました．表 1 のように 7 つしかありません．そのほかの単位は基本単位を組み立てます．これが**組立単位**（表 2）．たとえばニュートンの基本単位による表現は m・kg・s^{-2} ですが，これは「質量 1 kg の物体に作用して 1 m/s^2 の加速度を生じさせる力の大きさを 1 ニュートン（N）と定義します」という意味です．なお，組立単位には紹介した 6 つ以外にも多数ありますので注意してください．

　では基本単位アンペア（A）について復習しておきましょう．電流の正体は電荷の移動です．その担い手は電子．導体中を 1 秒間に 1 クーロン（C）の電荷が流れるときの電流量が 1 アンペアです．したがって，1 アンペアと毎秒 1 クーロンが等価，という関係が成り立ちます．数式化すると，

① アンペア ＝ クーロン／秒　（$A = \dfrac{C}{s}$）

② クーロン ＝ 秒 × アンペア　（$C = sA$）

となります．表 2 のクーロンの行の「基本単位による表現」を見てください．たしかに C＝s・A と書かれています．

　次はボルト（V）とジュール（J）の復習です．1 ボルトとは 1 クーロンの電荷を運ぶために 1 ジュールの仕事を必要とする電位差です．したがって，1 ボルトと 1 クーロン当たりに 1 ジュールが等価，という関係になり，これを数式化すると，

③ ボルト ＝ ジュール／クーロン　（$V = J/C$）

④ ジュール ＝ クーロン × ボルト　（$J = CV$）

となります．表 2 の基本単位による表現を使って検算してみます．

クーロン × ボルト
＝ s・A × m^2・kg・s^{-3}・A^{-1}
＝ m^2・kg・s^{-2}
＝ ジュール

　物体に 1 N の力を加えながら力の向きに 1 m 動かすときの仕事（エネルギー）が 1 J です．つまり，ジュールの単位は Nm．したがって，ジュールの単位には 2 種類の表現方法があることになります．1 つは先程復習した CV（関係④），もう 1 つは今紹介した Nm．このことから，V/m ＝ N/C（∵CV ＝ Nm），という関係（実は電場の単位と同じ）が成立するということになります．

　リットル（L），トン（t），分（min），時（h）などは国際単位としては採択されていませんが，国際単位に準じて使われています．次元（dimension）は単位（unit）とほぼ同意義で使われます．したがって，単位のない数量，つまり**無名数**は**無次元数**ともいいます（例．反発係数 e）．

表1　国際単位系

量	単位名	記号
長　さ	メートル	m
質　量	キログラム	kg
時　間	秒	s
電　流	アンペア	A
温　度	ケルビン	K
物質量	モル	mol
光　度	カンデラ	cd

表2　組立単位の一例

量	単位名	記号	基本単位による表現
力	ニュートン	N	m・kg・s^{-2}
圧力	パスカル	Pa	m^{-1}・kg・s^{-2}
仕事	ジュール	J	m^2・kg・s^{-2}
電荷	クーロン	C	s・A
電圧	ボルト	V	m^2・kg・s^{-3}・A^{-1}
温度	セルシウス度	℃	K

Memo

国際単位キログラムが新しく定義されました．世界計量記念日に合わせて2019年5月20日施行開始．再定義の結果，プランク定数に基づくことになり，パリに保管されているキログラム原器が不要になりました．ただし，実用面での不自由さは全く発生しないので心配無用です．

累乗の計算

累乗のかけ算・わり算は，乗数の足し算・引き算をしていきます．

> **累乗の計算**
> $$10^2 \times 10^3 = 10^{(2+3)} = 10^5$$
> $$10^3 \div 10^5 = 10^{(3-5)} = 10^{-2}$$

物理というよりは数学の復習になってしまいますが，X乗の入った関数が**指数関数**です．この関数は**生命現象を取り扱う際には非常に有用かつ重要**です．急がば回れの精神で，p.5のSTEP UP「指数関数と対数関数」にも取り組んでみてください．

サイン・コサインの復習

三角関数の基本

物理では全体を通して三角関数の知識が必要になります．図1-1のように直角三角形の辺の長さをA，B，Cとおきます．このうち，一番長いAを**斜辺**といいます．直角三角形の斜辺と他の辺の関係には，次のような性質があります．

公式

$$A^2 = B^2 + C^2 \quad （\text{Aは斜辺}）$$

これを**三平方の定理**といいます．斜辺Aと辺Bの角度をθとすると，三角関数であるsin（サイン）・cos（コサイン）・tan（タンジェント）は次のように定義されています．

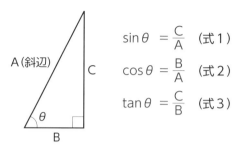

$$\sin\theta = \frac{C}{A} \quad （式1）$$
$$\cos\theta = \frac{B}{A} \quad （式2）$$
$$\tan\theta = \frac{C}{B} \quad （式3）$$

図1-1　直角三角形の性質

また，図1-1の式1，2を変形すると，CやBを斜辺Aと三角関数で表現することができます．

$$B = A \times \cos\theta$$
$$C = A \times \sin\theta$$

この式は斜面上の力の分解など，ベクトル計算でよく使います．図1-2には30°，45°，60°の代表的な直角三角形における，辺の長さを示しています．

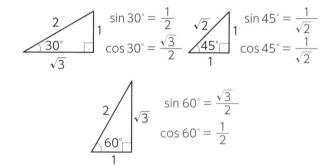

$$\sin 30° = \frac{1}{2}$$
$$\cos 30° = \frac{\sqrt{3}}{2}$$

$$\sin 45° = \frac{1}{\sqrt{2}}$$
$$\cos 45° = \frac{1}{\sqrt{2}}$$

$$\sin 60° = \frac{\sqrt{3}}{2}$$
$$\cos 60° = \frac{1}{2}$$

図1-2　代表的な直角三角形とsin，cos

これらの代表的な直角三角形におけるsinやcosは，すぐに出てくるように訓練しておきましょう．

三角関数とグラフ

次の図1-3のように，原点を中心とした半径Aの円の上を一定の速度で回るボールについて考えてみます．ある場所（角度θの位置）にボールがきたときに図1-3のような直角三角形を作ると，ボールのx軸上の位置は$A\cos\theta$，ボールのy軸上の位置は$A\sin\theta$になることがわかります．

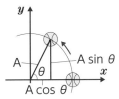

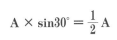

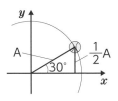

図1-3　角度θのときの **y** 座標

図1-4　30°のときの **y** 座標

　たとえばボールが30°の位置にきたときには，Asin30°なので図1-4のようになります.

STEP UP　指数関数と対数関数

● 累乗
　同じ数を複数回かけあわせることをその数の累乗といいます. たとえば3の4乗は $3 \times 3 \times 3 \times 3$ のこと. 表記方法は 3^4 です. ここで，3の右肩に小文字表記する4，つまり掛け合わせる回数を指数といいます. 一般的には，a を n 回かけあわせたものを a^n で表します. 指数が正でない場合の累乗は次のように定義されます. $a^0 = 1$，$a^{-n} = 1/a^n$. 累乗はすごく大きな数やすごく小さな数を表現するのに便利です.

● 指数関数と対数関数
　累乗 a^n の指数 n を変化させたときの a^n を計算する方法があります. それが指数関数で，$y = a^x$ という形をとります. また10の p 乗が M，つまり $10^p = M$ のとき，$p = \log_{10} M$ と表します. 口頭での表現は「p は 10 を底とする M の対数（常用対数 common log という）」. 関数形は，$y = \log_{10} x$ です. ネイピア数（略語は e）という定数を底とする対数が自然対数 natural log です. この定数は，円周率と同様，小数点以下が延々と続きますが，まずは小数点1桁までの値「2.7」を覚えましょう. ネイピア数は自然対数の底ともいいます.
　ネイピア数を使った計算は生理学や薬理学の薬物代謝などをみるときに役立てられています.

● 試してみよう
　では，ネイピア数の入った指数関数，$y = e^{\left(-\frac{x}{定数}\right)}$，のグラフ（XY プロット）を作成してみましょう.
　定数は 2（単位は分），X 軸の範囲は 0 分から 12 分までとします. 1 分毎の Y 値は表に示しています. 図 a はそのリニアプロット（linea plot），図 b はセミログプロット（semi-log plot）です. セミログプロットにするときれいな直線関係が得られました. 逆も真…，この点はいくら強調してもし足りないほど重要です.

表　分画の経時的変化

時間（分）	分画	時間（分）	分画
0	1.000	7	0.030
1	0.607	8	0.018
2	0.368	9	0.011
3	0.223	10	0.007
4	0.135	11	0.004
5	0.082	12	0.002
6	0.050	——	——

分画という用語を使用しました. これは百分率とほぼ同じ意味で使用され，分画 1.0 が 100 ％ に相当し，単位のない無名数です.

a. リニアプロット（等差目盛）におけるグラフ

b. セミログプロット（片対数目盛）におけるグラフ

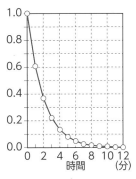

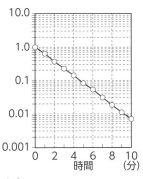

図　リニアプロットとセミログプロット
X 軸は時間（分），Y 軸は分画を意味します. なお，リニアプロット（方眼紙で使われている目盛）は最適な日本語訳がないのが現状です.

図1-5では，ボールの移動にそって，30°ずつ均等に区切り，0〜11の番号をつけて示しました．このボールの高さ（$A\sin\theta$）に注目して，高さのみを取り出しています．ボールの高さを見ると，原点から上にいき（0〜3），下におりてきて（3〜9），また原点に戻っている様子（9〜0）がわかります．

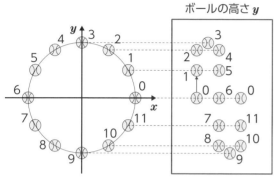

図1-5　ボールが30°ずつ動いたときのy座標

ここで，横軸に角度θをとって，それぞれの角度にいるときのボールの高さを見てみましょう（図1-6）．

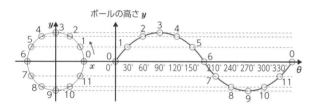

図1-6　ボールの高さと角度のグラフ

この波の形をした線はボールの高さ$A\sin\theta$を示した，$y = A\sin\theta$のグラフです．$\sin$は波の形を示しています．同じように考えると，$\cos$も波の形になります．

ここで，**rad（ラジアン）**という単位について紹介します．三角関数の角度θは°（度）ではなく，radという単位がよく使われます．これは，360°（1周り）を「2π」と表す表記法です．半分のπは180°を意味します．ラジアン表記と，そのときのsinやcosのグラフを表1-2，図1-7にまとめました．

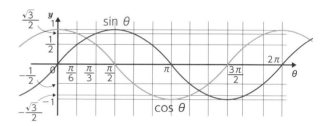

図1-7　sin，cosのグラフ

表1-2　ラジアンとsin，cos

°	0	30°	60°	90°	120°	150°	180°	210°	240°	270°	300°	330°	360°
rad	0	$\dfrac{\pi}{6}$	$\dfrac{\pi}{3}$	$\dfrac{\pi}{2}$	$\dfrac{2\pi}{3}$	$\dfrac{5\pi}{6}$	π	$\dfrac{7\pi}{6}$	$\dfrac{4\pi}{3}$	$\dfrac{3\pi}{2}$	$\dfrac{5\pi}{2}$	$\dfrac{11\pi}{6}$	2π
sin	0	$\dfrac{1}{2}$	$\dfrac{\sqrt{3}}{2}$	1	$\dfrac{\sqrt{3}}{2}$	$\dfrac{1}{2}$	0	$-\dfrac{1}{2}$	$-\dfrac{\sqrt{3}}{2}$	-1	$-\dfrac{\sqrt{3}}{2}$	$-\dfrac{1}{2}$	0
cos	1	$\dfrac{\sqrt{3}}{2}$	$\dfrac{1}{2}$	0	$-\dfrac{1}{2}$	$-\dfrac{\sqrt{3}}{2}$	-1	$-\dfrac{\sqrt{3}}{2}$	$-\dfrac{1}{2}$	0	$\dfrac{1}{2}$	$\dfrac{\sqrt{3}}{2}$	1

\\応用編//
ワンポイント物理講座
赤血球とフェムト

非常に小さな数（正確には，小さな数の接頭語）のお話です．

最近ナノテクノロジーという言葉が流行っているので，読者のなかにはナノ（10^{-9}）までは大丈夫という人もいるかも知れません．ではピコ（10^{-12}），フェムト（10^{-15}），アト（10^{-18}），ゼプト（10^{-21}），ヨクト（10^{-24}）などはいかがでしょうか．ピコ（略語は p）が 1 兆分の 1 なので，2 番目のフェムト（略語は f）以降はとてつもなく小さいというわけです（詳しくは本文表1-1を参照のこと）．しかし，フェムトに関しては意外なほどの日常さで使用されるので，その実例を紹介します．キーワードは赤血球です．

ヘマトクリット値

ヘマトクリット値とは血液中に占める赤血球の容積パーセントです．正常値は成人男子で 39 ～ 50 %，成人女子で 36 ～ 45 %．測定方法を簡単に説明します．ガラス管に抗凝固剤を混ぜた血液を入れ一端を封じて遠心分離すると，血液は血漿部分と血球部分（ほとんどが赤血球）に分かれます（図）．このとき血液柱全長に対する血球柱の長さを読み取り，パーセントで表します．このヘマトクリット値を利用して赤血球 1 個の体積を計算してみましょう．

赤血球の体積

血液 1 立方ミリメートル（$1\,mm^3$）中にある赤血球の数を 400 万個，このときのヘマトクリット値を 40 %と仮定します．

まず，赤血球 1 個の体積を単位赤血球容積（MCV）とよぶことにします．単位は L/個．

次に，単位体積（血液 1 L）当たりの赤血球数を計算します．単位は個．

$1\,mm^3$ 中に 400 万個 $= 4 \times 10^6$ 個なので，1 L 中では，

$$4 \times 10^6 \times 10^6 = 4 \times 10^{12} \text{ 個}$$
$$(\text{1 L は 100 mm の 3 乗} = 10^6\,mm^3)$$

ヘマトクリット値は濃度であり血液量には関係ないので，血液 1 L でもやはり 40 %．つまり，赤血球が 4×10^{12} 個集まるとその容積が 0.4 L になるということです．

したがって，次の等式が成立します．

$$\text{MCV（L/個）} \times \text{赤血球数（個）} = 0.4\,L$$

$$\therefore \text{MCV} = \frac{0.4}{4 \times 10^{12}} = 0.1 \times 10^{-12} = 100 \times 10^{-15}$$

フェムト（f）を使って表すと，

$$\text{MCV} = 100\ (fL/\text{個})$$

医療機関では MCV のような検査値を赤血球恒数 mean corpuscular constants といい，日々貧血の診断や治療に役立てています．

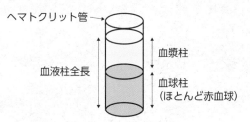

図　ヘマトクリット値の測定方法

ヘマトクリット値 $= \dfrac{\text{血球柱の長さ}}{\text{血液柱全長}} \times 100$

第1章 章末問題

① 次の記号の意味とその単位を国際単位で答えなさい.

　　（1）m　　　　　　　　（2）v　　　　　　　　（3）t

② 次の計算をしなさい.

　　（1）$10^3 \times 10^5$
　　（2）$10^{-3} \times 10^{-4}$
　　（3）$10^5 \div 10^3$

③ 例のように，示された単位に変換して表しなさい.

　　例）　50 km　→　_____[m]
　　　　　答え：50000 m

　　（1）1 cm → _____[m]　　（2）100000 m → _____[km]　　（3）1 mm → _____[μm]

④ 次の数字の有効数字の桁数を答えなさい.

　　（1）40.15　　　　　　　（2）0.040　　　　　　　（3）10.05　　　　　　　（4）0.005

⑤ 次の物理量を有効数字2桁に直し，○.○×10°という形で表しなさい.

　　（1）光の速さ 299800000 m/s
　　（2）赤血球の平均体積 0.000000000000000089 m^3

⑥ 有効数字に注意して次の計算をしなさい. 計算は電卓を用いてよい.

　　（1）100 mを18.3 sで走る人の速さ（m/s）
　　（2）縦 30.2 cm，横 9.8 cmの長方形の面積（cm^2）
　　（3）2本の棒，10.3 mと9.832 mの長さの和（m）

力学のキホン —物体の運動を数式で表す—

2〜6章までは力学について学んでいきます.

信号で止まっている人,同じ速度で動く自転車,加速をしている自動車.私たちの身の回りにはさまざまな運動が見られます.科学の基本は観察です.

この章ではこれらの身近な物体の運動を観察し,数式を用いて表す方法について学習しましょう.

キーワード 速度,等速直線運動,加速度,等加速度直線運動,落下運動,反発係数

1 速度が変わらない運動

速さと速度の違い

それではさっそく物理の**力学**を学習していきましょう.物体の運動を正確にとらえるためには,「いつ(時間)」「どこに(位置)」とともに,物体の速さも大切な要素です.**単位時間あたりに移動する距離のことを速さ**といい,速さは次の式で表されます.

公式

$$v = \frac{x}{t} \quad 速さ＝移動距離÷経過時間$$

x は移動距離を示し,単位は m(メートル)を用います.速さ v の単位は,距離(単位は m)を時間(単位は s)で割っているので,$m÷s＝\frac{m}{s}$.これを1行におさめて速さの単位は「m/s」(読み方はメートル毎秒)を使います.このように速さの単位は**組立単位**です.速さは単位時間あたりに進む距離のことを示しています.たとえば,2 m/sは1秒間で2 mの距離を進む速さということです.車のスピードメーターを見ると「km/h」と書かれています.「h」は時間を示しており,30 km/hのときは,この速さを保ったまま1時間走ると,30 kmの距離を進むことを表しています.

直線上ではない物体の運動を正確に説明するためには,速さだけではなく,どちらの方向に進んでいるのかという向きの情報も大切です.物体のもつ速さと向きを合わせたものを**速度**といいます.速度は矢印で示され,矢印の長さが速さを,矢印の向きが物体の進む方向を示します(図2-1).速度のように,大きさと向きをもつ量を**ベクトル**といいます.

対して質量のように大きさだけを示す量を**スカラー**といいます.

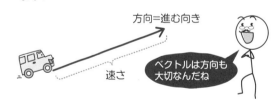

図2-1 ベクトルの例

等速直線運動

直線上を一定の速度で進む運動を,**等速直線運動**といいます.たとえば,次の図2-2のように原点を1 m/sの一定の速さで進む車があったとします.

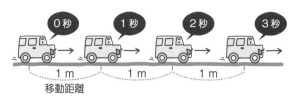

図2-2 一定速度で走る車

この車のその時刻における位置を求めてみましょう. $v = \dfrac{x}{t}$ を変形すると $x = vt$ と表すことができます. v に 1 を代入しましょう.

$$x = 1 \times t$$

よって 1 秒後, 2 秒後, 3 秒後の移動距離は,

$$1 秒後 \quad x = 1 \times 1 = 1\ \mathrm{m}$$
$$2 秒後 \quad x = 1 \times 2 = 2\ \mathrm{m}$$
$$3 秒後 \quad x = 1 \times 3 = 3\ \mathrm{m}$$

このように, それぞれの時間でのはじめの場所からの移動距離を計算することができます. たて軸に移動距離 x, よこ軸に時間 t をとったグラフで表してみましょう.

図2-3aのグラフを **x-tグラフ** といいます. 速度の定義式から, x-tグラフの傾きは, 「速度」を示します. またたて軸が速度 v でよこ軸が時間 t のグラフを **v-tグラフ** といいます. 図2-3bのグラフは等速直線運動の v-tグラフです.

等速直線運動では, 速度が常に一定なので速度はずっと同じ $1\ \mathrm{m/s}$ です.

v-tグラフの面積は移動距離を示します. たとえば, 2 秒間での車の移動距離を求める場合, v-tグラフの面積を計算すると「たてが 1」,「よこが 2」となり, 面積は $1 \times 2 = 2\ \mathrm{m}$ となり, 先ほど計算した値と一致します.

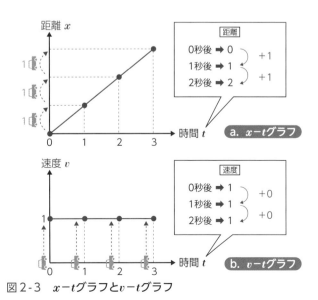

図2-3　**x-tグラフとv-tグラフ**

Point

グラフの活用
v-tグラフの面積　→　移動距離

たて軸とよこ軸で表されるさまざまなグラフ

みなさんは, x-tグラフとv-tグラフには2つの共通点があることに気がつきましたか? まずはたて軸とよこ軸の関係に注目してください. 2つともよこ軸が時間ですね. このようなグラフを **トレンドグラフ** trend graph といいます. トレンドとは傾向という意味. ある物理量の時間変化を直感的に理解する・理解させるときに便利です.

もう1つの共通点はグラフ名の表記方法. 具体的には, 2つともたて軸−よこ軸グラフという表記ですね. 医学・生物学で多用されるグラフについて紹介したコラムを2つ用意しています. p.15の「トレンドグラフと散布図」, p.16の「I/Vカーブ」です. 少し難しいですが, 目を通してみてください. なお,「I/Vカーブ」で紹介するグラフは第11章の「オームの法則」に関連するため, オームの法則を復習してから再度勉強することを勧めます.

平均の速さと瞬間の速さ

実際, 車は一定の速度で進むわけではなく, 速度を変化させながら動いています. たとえばある時刻に出発した車が一直線上を進むものの渋滞につかまり, あるときは $10\ \mathrm{m/s}$ で動いたり, あるときは $3\ \mathrm{m/s}$ で動いたりと, 速度を変化させながら, $6\ \mathrm{km}$ 先にある目的地に 25 分かけて着いたとします. このときの車の平均的な速さは次のように計算できます.

$$\begin{aligned}
平均的な速さ &= \frac{6\ \mathrm{km}}{25 分} \\
&= \frac{6000\ \mathrm{m}}{(25 \times 60)\ \mathrm{s}} \\
&= 4\ \mathrm{m/s}
\end{aligned}$$

これは物体が一定の速さで移動したと仮定したときの速さです。これを**平均の速さ**といいます。また上記の10 m/s や 3 m/s など、その時々の物体の速さのことを**瞬間の速さ**といいます。

速度の足し算はベクトルで

駅などで動く歩道に乗ったときをイメージしてください。動く歩道が0.4 m/sで動いており、その上を同じ方向に0.4 m/sで歩くと、静止した人から見ると、その人は0.8 m/sで進んでいるように見えます。このように速度を足し合わせることを、**速度の合成**といいます（図2-4）。

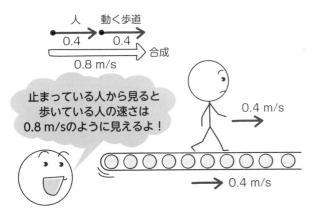

図2-4 速度の合成

速度は大きさと向きをもっているベクトル量なので、上記の例のように単純に足し算をすればいいというものではありません。たとえば、次の**図2-5**のように1 m/sで左から右に流れる川を上向きに2 m/sの速度で船が進む場合、船は上に進みながら右側に流されます。

よって船の合成した速度は、三平方の定理を使って求めると、斜め60°の向きに√5 m/s（2.2 m/s）という合成速度になります。これを**ベクトルの合成**といいます。

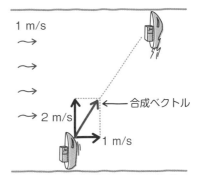

図2-5 川を進む船の速度（ベクトルの合成）

2 途中で速度が変わる運動

等加速度直線運動とは

落下するときの物体は一定の速度で落ちていきません。速度が一定の割合で徐々に速くなりながら、落下していきます。この運動を**等加速度直線運動**といいます。

たとえば次の図2-6のように、ある車が等加速度直線運動をしているとします。この車は時間とともに、速度が一定の割合で増えていきます。よって移動距離も時間が立つにつれて長くなっていきます。

速度変化を示すものを**加速度**といいます。加速度は次式で表されます。

公式　$a = \dfrac{v}{t}$　加速度 $= \dfrac{速度}{時間}$

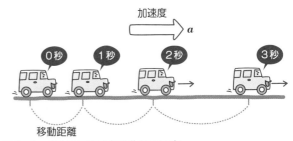

図2-6 等加速度直線運動をする車

加速度とは**単位時間あたりの速度の変化**のことです。

加速度の単位は，速度（m/s）を時間（s）で割るので，m/s÷s = m/(s×s) = m/s^{2}となります．たとえば加速度が2 m/s^{2}で動く物体は，1秒ごとに2 m/sずつ速度が増えていきます．

等加速度直線運動の公式

　等加速度直線運動をする物体の速度は，加速度を使うと次式のようになり，この運動のv–tグラフは図2-7のように描けます．

$$v = at \quad 速度 = 加速度 \times 時間$$

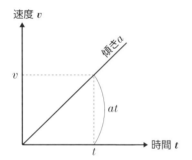

図2-7　等加速度直線運動のv–tグラフ

　v–tグラフの傾きは加速度を示しています．またv–tグラフの面積は，移動距離xと同値でイコールでしたね．つまり，t秒後の物体の移動距離は，v–tグラフの面積から次式のように示され，この移動距離xの数式をx–tグラフに描くと，**図2-8**のように二次関数の曲線になります．

$$x = \frac{1}{2}at^2 \quad 移動距離 = \frac{1}{2} \times 加速度 \times 時間^2$$

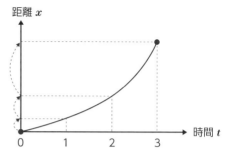

図2-8　等加速度直線運動のx–tグラフ

　等速直線運動のグラフと比べると，等加速度直線運動では，速度が時間とともに増えていくため，距離xは2次関数でグングンと増えていきます．

　また，物体ははじめに速度をもっている場合があります．t = 0のときの速度を初速度といいv_0で表します．加えて物体は原点を出発するとは限りません．時刻0における物体の位置をx_0とします（**図2-9**）．これらの要素を入れた，速度の公式と位置の公式は次式のように表すことができます．

公式

$$v = at + v_0 \quad 速度の公式$$
$$x = \frac{1}{2}at^2 + v_0t + x_0 \quad 位置の公式$$

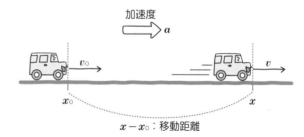

$x - x_0$：移動距離

図2-9　初速をもった物体の速度と位置

　この公式を使えば，等加速度直線運動をする物体が，**ある時刻にどこにいて，どんな速度になるのか**が，手に取るようにわかります．

3 物体の落下

そっと手を離す自由落下

空気抵抗のない真空の中で実験をしてみると，リンゴも，鉄球も，羽もすべての物体は同じ加速度で落ちていきます．このように物体は重さに関わらずある一定の加速度で落下していきます．落下するときの加速度を**重力加速度**といい，g で表します．

落下運動は等加速度直線運動なのでその公式を使うと，落下した物体がいつどこにいるのかを計算できます．

たとえば物体に初速度を与えずにそっと落下させた場合の，2秒後の物体の位置と速度を求めてみましょう（図2-10）．一般的に水平方向の移動は x 軸を，鉛直方向の移動は図のように y 軸を使います．重力加速度 g は約9.8 m/s^2 の一定の値なので，位置の公式を使うと次式のようになります．

$$y = \frac{1}{2} at^2 + v_0 t + y_0 = \frac{1}{2} 9.8 t^2 + 0 t + 0 = 4.9 t^2$$

そして t に2を代入すると，y は19.6 mとなります．またこのときの速度は，速度の公式を使うと次式のようになります．

$$v = at + v_0 = 9.8 \times t + 0 = 9.8t$$

t に2を代入すると，v は19.6 m/sとなります．

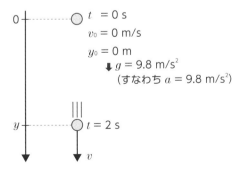

図2-10 自由落下する物体の位置と速度

上向きに投げる鉛直投げ上げ

初速度を上に与えて，物体を運動させると，物体は速さを減らしながら上昇していき，やがて速さが0となり最高点に達すると，速さを増しながら落下していきます（図2-11左）．

このような運動を**鉛直投げ上げ運動**といいます．物体が上に移動をはじめたので，上向きに軸をとって，この運動について詳しく見てみましょう（図2-11右）．

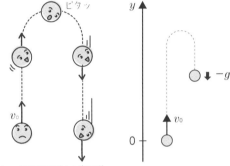

図2-11 鉛直投げ上げ運動

物体は鉛直下向きに一定の加速度 g（= 9.8 m/s^2）で落下していきます．加速度もベクトル量なので，向きが大切です．今回の運動では鉛直上向きに軸を作ったため，逆を向いている加速度には，マイナスをつけて考えましょう．初期位置を原点とすると，

$$a : -g \quad v_0 : v_0 \quad y_0 : 0$$

なので鉛直投げ上げの速度の式は，

$$v = v_0 + at = v_0 + (-g)t = v_0 - gt$$

位置の式は，

$$y = \frac{1}{2} at^2 + v_0 t + y_0 = \frac{1}{2}(-g)t^2 + v_0 t + 0$$
$$= -\frac{1}{2} gt^2 + v_0 t$$

となります．

このようにして，鉛直投げ上げの場合も，数式を使って物体の運動を予測することができます．

斜めに投げる斜方投射

物体に斜めに初速度を与えて，投げ上げる運動を**斜方投射**といいます．一定の時間間隔でシャッターを切ったときの物体の位置を見てみましょう（図2-12）．

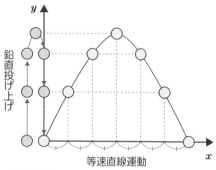

図2-12　斜方投射

斜方投射の物体を水平方向（x軸）と鉛直方向（y軸）で別々に見ていくと，水平方向は等速直線運動，上方向（鉛直方向）は等加速度直線運動となります．このような場合，水平方向と鉛直方向に分けて数式を組み立てることにより，今までの運動と同じように位置や速度を計算することができます．

床でバウンドする物体の運動

最後に，物体の弾みについて考えてみましょう．ゴム

ボールを床に落とすと，よく弾み，手元まで戻ってきます．対して泥団子を床に落とすと，泥団子は床で変形し，跳ね返ってきません．このように，物体によって跳ね返ってくる様子は変化します．ある物体が速さvで床にぶつかったとき，跳ね返ったときの速さが何倍になって返ってくるのかを**反発係数**といい次式で定義されています（図2-13）．

$$e = \frac{|v'|}{|v|} \qquad 反発係数 = \frac{衝突後の速さ}{衝突前の速さ}$$

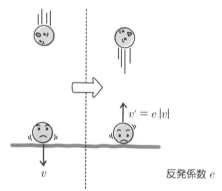

図2-13　物体のバウンド

反発係数の範囲は$0 \leqq e \leqq 1$となります．上記の例では，ゴムボールは反発係数が大きく1に近い値になります．また泥団子の反発係数は0です．

⟪応用編⟫ ワンポイント物理講座

トレンドグラフと散布図（グラフの扱い 1 ）

トレンドグラフとは

「量」が時間の経過とともに変化した値を記録したグラフ（XY プロット）のことを**トレンドグラフ**といいます．横軸（X 軸）の単位は秒，分，時間，日，月，年など時間を表すものが代表的．縦軸（Y 軸）には，「量」であれば何でもプロットできます．例えば体温（℃），血圧（mmHg），脈拍や心拍数（1/min），濃度（mg/dL，g/dL，mol/L など），面積（cm^2，m^2 など），容積（μL，mL，dL など），電流（μA，mA など），電圧（μV，mV など）などが代表的です．最も普及した臨床検査方法として知られている心電図も実はトレンドグラフの 1 種です（**図 1**）．X 軸に時間，Y 軸には人体表面に発生する電圧をプロットします．

散布図とは

ところで，XY プロットでは両軸に「量」をプロットする場合があります．このようなグラフを**散布図**といいます．皆さんが親しんだ散布図は試験の点数ではないでしょうか．たとえば X 軸が国語の点数で，Y 軸が英語の点数．こうすると国語が得意な生徒が英語も得意かどうかなどをしらべることが可能です．

確認してみよう

では貧血に関する散布図を 1 つ紹介しましょう．貧血は女性にとって最も身近な病気ですね．まず**図 2a** を見てください．X 軸は MCV という「量」を表しています．MCV は平均的な赤血球容積のことで，単位はフェムトリットル（単位は fL）．Y 軸は血液中のヘモグロビン濃度（単位は g/dL）を表しています．丸印がデータポイント（症例数は 18）で，ヘモグロビン濃度が 12 g/dL 以下の症例では赤血球が小さい（MCV 値が 90 fL 以下）ことを示唆しています．

次に**図 2b** を見てください．この部分は同じ 18 人から得られた治療後のデータで，治療によりヘモグロビン濃度が増え，赤血球が大きくなったことを示しています．

このように散布図で表すと治療前と治療後で，それぞれの値が変化していることがわかりやすいですね．

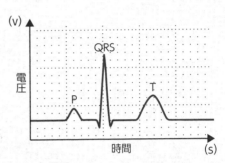

図 1　心電図
ドットとドットの間は X 軸方向が 0.04 s（= 40 ms），Y 軸方向が 0.1 mV（= 100 μV）．P, QRS, T は一回の心拍で出来る波の特徴の名称です．（文献 1）から改変）

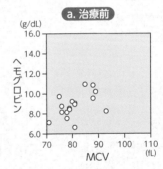

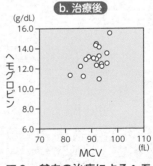

図 2　貧血の治療によるヘモグロビンの増加
横軸の fL（フェムトリットル）に関しては第 1 章をチェックしてください．
（文献 2）から改変）

参考文献
1) 時政孝行（編著）：なぜこうなる？ 心電図．九州大学出版会，2007.　　2) 時政孝行（編著）：高齢者医療ハンドブック．九州大学出版会，2007.

I/Vカーブ（グラフの扱い2）

　このコラムのおもな目的はグラフの表記方法について理解することにあります．グラフの詳しい内容に関しては第11章，および本シリーズ生物のイオンチャネルの項目を学んだ後でもう一度勉強することを勧めます．

　ここはまず図1のような可変抵抗器（か へんていこうき）を用いて模擬実験（も ぎ じっけん）を行い図2のような実験結果を得たと仮定します．

【実験方法】AB間の電圧を0.1 V刻みで変化させ，そのときの電流を測定する．

【作図方法】A点を基準にしたB点の電圧を横軸に，B点からA点に向かう電流を正の電流として縦軸にプロットする．

【実験結果】図2のような滑らかな曲線が得られました．これも**散布図の一種**です．曲線は**電流/電圧曲線**（current/voltage curve，略してI/Vカーブ）といいます*．縦軸と横軸の間は「/」でも「-」構いません．省略する場合もありますので，注意してください．

【結　論】
実験結果からは以下の結論が得られます．

❶可変抵抗器はB点の電圧が約−7Vより陰性だと電流を流さない．つまり，抵抗値が無限大．

❷B点の電圧が−7Vより陽性側では曲線がS字状を呈する．

図1　可変抵抗器の模式図

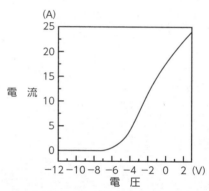

図2　可変抵抗両端間の電流／電圧曲線（I/Vカーブ）

Memo

　細胞の表面には，細胞の内と外にイオンを出し入れして濃度を調節しているイオンチャネルが備わっています．これは薬の効き方などにも関係する重要な器官の1つです．

　ナトリウムチャネルに代表されるイオンチャネルは細胞内の電圧変化に反応して機能しているものがあります．

　イオンチャネルに流れるチャネル電流の流れやすさに相当する抵抗値の逆数が，電圧を変数とするボルツマン関数に従うことが証明されています．このようなイオンチャネルを電位依存性チャネルと分類します．

*I/V curve：電流のcurrentを「I」と表すのはcurrent intersity（電流の強さ）のiに由来しているといわれています．

第2章 章末問題

次の各問に答えなさい．ただし必要であれば重力加速度は9.8 m/s²を使ってよい．

① 6.0 km離れた直線距離にある目的地に向かって，車の速度を変化させながら20分かけて移動した．このときの車の平均の速さ（m/s）を求めなさい．

② 観測者から見て右方向に0.60 m/sで動く「動く歩道」の上を，Aさんが0.40 m/sで同じ右方向に歩いている．静止した観測者から見るとAさんはどちらの方向に，どんな速さで動いているように見えるか答えなさい．

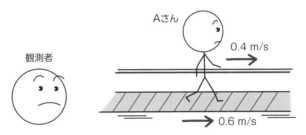

③ ある電車がA駅からB駅へ向けて出発し，A駅を出発してから150秒後にB駅に着いた．その様子が次の v-t グラフである．

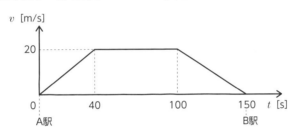

（1） この電車の 0〜40秒の加速度を求めなさい．
（2） この電車の40〜100秒の加速度を求めなさい．
（3） A駅とB駅の距離を求めなさい．

④ リンゴを橋の上から自由落下（初速度 0 m/sで落下）させた．3.00秒後の速度と橋の上からの落下距離を求めなさい．

⑤ ボールを鉛直上向きに4.9 m/sの速さで投げ上げた．投げた瞬間を時刻 0，上向きを正とし，地面に落ちてくるまでの v-t グラフを完成させなさい．

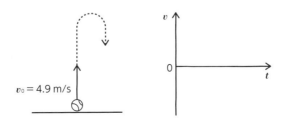

第3章 物体の運動と力の関係
─運動方程式と力のつり合いを理解する─

2章では物体の運動を数式で表すことができるようになりました．しかし物体の運動を正確に知るためには，その物体にどのような力がはたらいているのかを見極める必要があります．本章では力の見つけ方を学び，物体の運動の様子について考えていきます．

キーワード　力，運動方程式，力のつり合い，慣性の法則，作用反作用の法則

1　力の表し方と力の式の使い方

矢印を使って力を表そう

運動と力は密接に関係しています．運動については学習済みなので，次に力について見ていきましょう．

日常生活では力という言葉をよく使います．物体に力を加えると，物体は変形したり運動の様子が変化したりします．

力は目に見えないので矢印を使って表します．つまり力は速度のようなベクトル量です．力を加えた点を**作用点**，力を加えた向きを**力の向き**，矢印の長さで**力の大きさ**を示します．また作用点を通り，力の方向に引いた直線を**作用線**といいます．力の大きさ，向き，作用点を，**力の3要素**といいます（図3-1）．

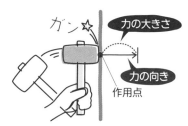

図3-1　力の3要素

運動方程式と力のつり合い

たとえば，図3-2のように台車にバネばかりをつけて，一定の力で台車を引き続けます．すると，台車の速度は一定の割合で増えていきます．つまり物体に力を加えると，運動の様子が変化します．

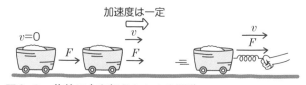

図3-2　物体に力を加えたときの運動

また，引く力を2倍，3倍と変化させて，加速度の様子を観測していくと，加速度も2倍，3倍と同じように変化します．

次に，一定の同じ力で質量の異なる台車を引いてみましょう．質量の大きな物体ほどその加速度は小さくなります．おもりの重さを2倍，3倍と変化させていくと，加速度は$\frac{1}{2}$倍，$\frac{1}{3}$倍と反比例の関係になります．

これらの関係をまとめたものを**運動方程式**といい，次の式で示されます．

公式

$ma=F$ 質量×加速度＝力

力の単位は **N（ニュートン）** を使います．1Nとは質量1kgの物体を1m/s²で加速させるために必要な力のことをいいます（ちなみに，力の単位にはニュートンのほかにダインがあります．単位の扱い方の理解を深めるためにも下のSTEP UP「ニュートンとダイン」にも目を通してみてください）．

次に力と運動の関係について運動方程式を使って考えてみましょう．

A. 力が働かない場合「慣性の法則」

力が物体に働かない場合，物体はどんな運動をするのでしょうか．「動かないだけじゃないの？」と思いますが，静止以外の運動もあります．

運動方程式を見ると，力が0のとき，質量は0にはならないので，どんな物体も加速度が0になることがわかります．加速度が0になるということは，物体は等速直線運動をすることを示しています．この意味は静止している物体は，静止をし続けるということになります．また動いていた物体は止まることなく同じ速度で動き続けるということも示しています．これは驚きです．たとえば，宇宙では空気抵抗など外部から力が働きません．そのため宇宙をさまよう隕石は動力源となるエンジンのようなものが無くても，同じ速度で動き続けます．

このように静止しているものは静止を続け，動いている物は同じ速さで動き続ける性質を**慣性**といいます．また，物体がはじめにもっている運動状態を保とうとすることを**慣性の法則**といいます．

B. 2つの力が同時にはたらく場合

1つの力が物体にはたらく場合には，運動方程式を立てることによって物体の運動の様子がわかります．次に2つの力が同時に働いた場合の運動について考えてみましょう．

たとえば，次の**図3-3**のように，物体を2つの力で引っ張る場合，速度の合成と同じように力を合成して一本の大きな力にまとめることができます．これを**力の合**

STEP UP ニュートンとダイン

ここではダイン（dyne）という単位について見てみましょう．物理量は長さ，質量，時間が基本という立場で提唱されたのがMKS単位系です．Mはmeter（長さの単位），Kはkg（質量の単位），Sはsecond（時間の単位：秒）の略を意味しています．要するに，長さがメートルなら，質量はキログラムを使うという約束事だと思ってください．これに対して，長さがセンチなら，質量はグラムを使うという約束で提唱されたのがCGS単位系です（表）．余談ですが，MKSに電流単位のアンペア（A）を加えた単位系がMKSA単位系です．

さて，ニュートンについて復習です．定義は，

1N ＝ 質量1kgの物体を1m/s²で加速させる力

つまりMKS単位系で表され，

$$\mathbf{N = kg \cdot m/s^2}$$

でしたね．

これに対して，CGS単位系に基づく力の単位がダイン（dyne）で，定義は，

1 dyne ＝ 質量1gの物体を1cm/s²で加速させる力

つまり，

$$\mathbf{dyne = g \cdot cm/s^2}$$

ということになります．

表 MKS単位系とCGS単位系

単位系の名称	長さ	質量	時間
MKS単位系	m	kg	s
CGS単位系	cm	g	s

成といい，まとめた力を**合力**といいます．

図3-3 力の合成

このとき，物体の質量が6 kgだとすると，運動方程式のFに合力である3 Nを代入することによって，物体の加速度を求めることができます．

$$ma = F$$
$$6a = 3$$
$$a = 0.5 \text{ m/s}^2$$

このように，複数の力がはたらいた場合には，力をまとめて一本の力にしてから，合力を運動方程式に代入することによって，加速度を求めることができます．ただし，力はベクトルなので，合成する際には速度と同じようにベクトル上の計算が必要になります．

たとえば図3-4のように別々の方向に異なった力（向きが反対のベクトル）がはたらいた場合，どのように考えれば良いのでしょうか．左側に2 N，右側に1 Nの力がはたらいた場合，力を合成すると左側に1 Nの力が残ります．

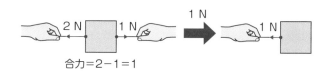

合力＝2−1＝1

図3-4 異なる方向への力の合成

よって物体は残った1 Nの力で左向きに加速をはじめます．このように，運動方程式の力Fには，合力である残った力を代入し，計算していきます．

次に右向きに2 N，左向きに2 Nの同じ力を加えた場合について考えてみましょう．2つの力を合成すると，

合力は0になります．この状態を**力がつり合っている**といいます（図3-5）．

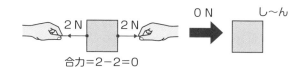

合力＝2−2＝0

図3-5 2力がつり合った状態

力を合成すると0になる場合，運動方程式から加速度も0になります．このとき物体は慣性の法則に従い，はじめに静止をしているとすれば静止を続け，はじめに動いている物体は同じ速度で等速直線運動を続けます．2つの力がつり合っているとき，その2つの力は同じ作用線上にあり，大きさが等しく，向きは互いに逆を向きます（図3-6a）．また2つの力が同じ作用線上に無い場合，物体は回転してしまいます（図3-6b）．この回転の効果については第4章で扱います．

2つの力がはたらいた場合と同様に，2つ以上の力が物体にはたらいた場合でも，力を合成し運動方程式に代入することによって，物体の運動を計算することができます．

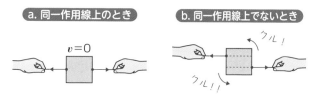

図3-6 2力が引き合うときの物体の運動

作用・反作用の法則

図3-7のように，A君がB君に力を加えると，B君は力を受けます．しかしA君の立場になると，A君はB君から力を受けて頭が痛くなります．

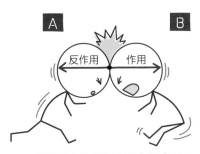

B君の立場「A君から力を受けた」
A君の立場「B君から力を受けた」

図3-7 力の作用・反作用

このように，すべての力には向きが逆向きで，大きさが同じである力がペアで現れます．これを**作用・反作用の法則**といいます．

力のつり合いは1つの物体の立場だけを考えて見つけることができました．**作用・反作用は，A君・B君など立場を変える**ことで見つけることができます．混同しないように注意しましょう．

科学者のニュートンは，次の3つの法則を運動の3法則とよびました．

運動の3法則
第一法則　慣性の法則
第二法則　運動の法則（運動方程式のこと）
第三法則　作用・反作用の法則

2　身のまわりにある力とその名前

力の種類

力を見つける前に，私たちのまわりにある力について紹介しましょう．

重力　W

物質はそれぞれ質量をもちます．地球上にある物体は，地球の中心に向かって質量に比例した力を地球から受けます．これを**重力**といいます．すべての物体は加速度gで落下するため，運動方程式より重力の大きさWは，図3-8のように表すことができます．

STEP UP　重力の原因「万有引力」

重力とは地球がリンゴを引く力のことです．しかしリンゴも地球を引いています．リンゴと地球の質量があまりにも違いすぎるので，リンゴだけが移動しているように見えています．このように，すべての物体にはお互いに引きあう力がはたらきます（図）．

これを**万有引力**といいます．万有引力の値はお互いの質量に比例して大きくなります．

Gは6.7×10^{-11}という非常に小さな定数で，地球とリンゴのように，質量が惑星規模の大きさになると顕著に表れます．また万有引力はお互いに触れていなくても相手に影響を与える不思議な力です．万有引力と似た力に，電気の力，磁石の力などがあります．

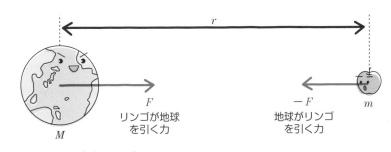

F リンゴが地球を引く力
$-F$ 地球がリンゴを引く力

図　物体同士が引きあう力

公式
$$F = G\frac{Mm}{r^2}$$
万有引力 ＝ 万有引力定数 × $\dfrac{質量 × もう一方の質量}{距離^2}$

$$W = mg \quad 重力＝質量×重力加速度$$

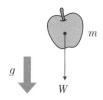

図3-8　物体にはたらく重力

1 Nの力を感じてみましょう．単一の乾電池の質量はおよそ100 g（0.1 kg）なので，単一の乾電池を手にのせたときにはたらく重力は 0.1 kg×9.8 m/s²でおよそ1 Nです．

また質量mは，物体のもつ固有の物理量です．月にいくと重力加速度gが異なるため，重力mgは変化しますが，質量mは変わりません．

垂直抗力　N

机の上にリンゴを置くと，リンゴは静止したまま動きません．リンゴにはたらく重力とつり合う力が，机から上向きにはたらくためです．この力を**垂直抗力**といい，Nで表します（図3-9）．

図3-9　垂直抗力

張力　T

物体に糸をつけて糸の反対側を固定すると，物体を静止させることができます．これは下向きの重力に対して，糸が物体を上向きに引っ張っているためです．この力を**張力**といいます（図3-10）．

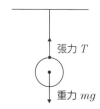

図3-10　張　力

弾性力　F

バネにおもりをつり下げると，バネは伸び，やがて静止します．これはバネの力がおもりの重力とつり合っているためです．この力を**弾性力**といいます．より重いものをぶら下げると，ばねの伸びは大きくなります．また，バネを縮めてもバネは元の長さに戻ろうとして力を及ぼします．弾性力の大きさは次の式で表されます．

$$F = kx \quad ばねの力 ＝ ばね定数 × ばねの伸び$$
$$（または縮み）$$

この関係を**フックの法則**といいます．kはばね定数といい，ばねの伸びにくさ（または縮みにくさ）を示します．kはばねの種類によって変化し，固いばねでは大きく，やわらかいばねでは小さくなります（図3-11）．

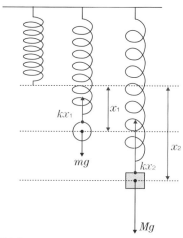

図3-11　弾性力

摩擦力　f

運動方程式より，机に置いた物体に力を加えると，物体は加速をはじめます．しかし実際は小さな力を加えただけでは物体は動きません．これは物体と机の間に**摩擦力**がはたらくためです．摩擦力には，静止しているものにはたらく**静止摩擦力**と，動いている物体にはたらく**動摩擦力**があります．どちらも物体の運動を妨げる向きにはたらきます（図3-12）．

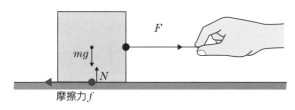

図3-12 摩擦力

物体が止まっている場合，1Nの力で引いたときの摩擦力は1N，2Nの力で引いたときの摩擦力は2Nになります．また静止摩擦力fの最大値は次の式で表されます．

$$f = \mu N$$

静止摩擦力の最大値 = 静止摩擦係数 × 垂直抗力

μを**静止摩擦係数**といい，物体と地面の状態のすべりにくさを表す定数です．この大きさを超えると，物体は動きはじめます．

また物体が動いているときにはたらく摩擦力を**動摩擦力**f'といい，f'は力の大きさによらず一定で，次の式で表されます．

$$f = \mu' N$$ **動摩擦力 = 動摩擦係数 × 垂直抗力**

μ'を**動摩擦係数**といいます．$\mu > \mu'$の関係が成り立っています．

力を見つけるためのコツ

重力を除いた，通常の力（垂直抗力，張力，弾性力，摩擦力）は物体に直接触れなければ，力を及ぼすことができません．力学では，**物体にはたらく力を見つけてその物体がどんな運動をするのかを考えていく必要があり**ます．よって，力をみつけるときに，

① 重力の矢印を引く

② 触れているものから働く力の矢印を引く

この2つの手順で考えると，もれなく探すことができます．

斜面上での物体の運動（応用）

なめらかな斜面の上に物体を置くと，物体は斜面上をすべりはじめます．このときの物体の加速度を求めてみましょう．まずは物体にはたらく力を探すことからはじめます．

最初に重力の矢印を引きます①．次に物体が触れている部分を見ると，物体は斜面と触れています．斜面と直交するように，垂直抗力の矢印を引きましょう②．

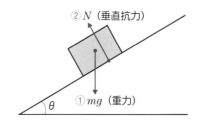

図3-13 物体にはたらく力を探す

2つの力を見ると，斜面下方向に力が働いていないのに，なぜか物体は斜面下方向に動き始めます．物体が加速をするということは，その方向に力が必ず残るはずです．斜面下方向と，斜面垂直方向に軸を作り，力を分解してみよう（図3-14）．

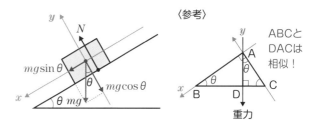

図3-14 力の分解

垂直抗力Nは斜面と垂直方向を向いているので分解する必要はありません．重力は斜面と2つの軸に対して斜め方向を向いているので，この重力を分解してみましょう．θの位置に注意します（図3-14参考）．

重力mgは，x軸方向には$mg\sin\theta$，y軸負の方向には$mg\cos\theta$と分解できます．物体はx軸の方向に加速するため，運動方程式を立てると**図3-15**のようになります．

$$ma = mg\sin\theta$$
$$(ma = 残りの力)$$
$$a = g\sin\theta$$

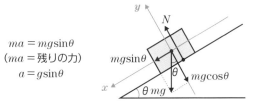

図3-15　物体の加速度

またy軸方向には物体は動かないので，力のつり合いの式を立てましょう（**図3-16**）．

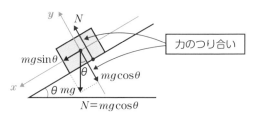

（⬉斜面と垂直上方向の力＝⬊斜面と垂直下方向の力）

図3-16　物体にはたらく垂直抗力

このようにして垂直抗力Nの値を求めることもできます．

⟍応用編⟋ ワンポイント物理講座

TDM（治療薬物モニタリング）

　TDM（therapeutic drug monitoring）は患者に投与した薬物の血中濃度を測定し，薬の用法用量などを設定する際の指標とする検査システムのこと．治療域の狭い薬剤や中毒域と有効域が接近し，用法用量の管理が難しい薬剤（強心薬ジゴキシン，喘息治療薬テオフィリンなど）の血中濃度測定については，診療報酬上で特定薬剤治療管理料が算定できます．図は，吸収と排泄が速い薬物（黒線）と遅い薬物（色線）を内服した場合のTDM例です．このような曲線は二重指数曲線（double exponential curve）と呼ばれます．生物物理学領域では，アレニウスの式と同様，必須の関数です．

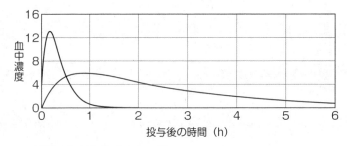

図　薬物の血中濃度（イメージ）

第3章 章末問題

① 次の物体にはたらく力をすべて描きなさい。ただし（5）はA，（6）はBにはたらく力を描くこと.

（1）

（2）

（3）

（4）

静止

（5）

A

（6）

B

② 次の図のように，物体Aと物体Bを糸でつないで天井から吊るした.
物体Aにはたらく力を F_1〜F_5 のなかからすべて選びなさい. また作用反作用の関係にある力を F_1〜F_5 の中から選びなさい.

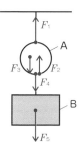

③ 次の物体にはたらく力を合成し，図の中に太い矢印で描き，その力の大きさも書きなさい.

（1）

20 N
30 N

（2）

20 N   20 N

（3）

10 N   20 N

④ 次の静止した質量2 kgの物体にはたらく力の大きさを求めなさい. 重力加速度を9.8 m/s² とする.

（1）摩擦力 F

静止
10 N
摩擦力

（2）垂直抗力 N

N

（3）張力 T

T

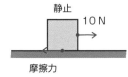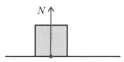

⑤ 次の物体の加速度を，有効数字2桁で答えなさい. 床はなめらかで摩擦ははたらかないものとする. また重力加速度は9.8 m/s² とする.

（1）

2 kg
10 N

（2）

2 kg
3 N   5 N

（3）

2 kg

（4）

29.4 N
2 kg

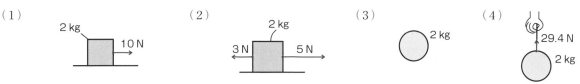

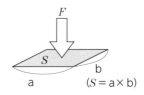

図4-2　圧　力

第4章

圧力のはたらきと物を回転させる力
―身近な力を数式で表す―

本章では圧力と物体を回転させるための力について学びます．水圧や気圧，また浸透圧や血圧など，圧力という考え方は身近な現象を理解するうえで必要不可欠です．また物体の回転について知ると，その効果を考えることでどの位置に力を加えれば物体の運動を操ることができるのかわかります．

● キーワード　圧力，気圧，水圧，浮力，モーメントのつり合い，重心

1 身のまわりの圧力とその影響

圧力ってどんな力？

鉛筆を図のように持ち，静止させたまま両側から力を加えてみてください（図4-1）．

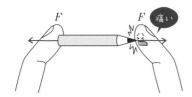

図4-1　圧力の実感

このとき両側の指には同じ大きさの力 F がはたらきますが，鉛筆の先を持っているほうの指には，わずかな面積に力が集中するため痛くなります．図4-2のように，単位面積当たりにはたらく力を圧力といい，次の式のように定義されています．

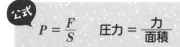
$$P = \frac{F}{S} \qquad 圧力 = \frac{力}{面積}$$

圧力の国際単位にはPa（パスカル）を用います．天気予報を見ていると，気圧という圧力が表示されます．気圧の単位にはhPa（ヘクトパスカル）が用いられていますが，h（ヘクト）は 10^2 を示しています．

$$1\,\mathrm{hPa} = 100\,\mathrm{Pa}$$

からだが感じる気圧と水圧

平均的な地上の気圧はだいたい1000 hPaです．1000 hPaとは100000 Paです．つまり地上では1 m²あたり10万Nもの力がはたらいていることを示しています．この力はどこからきているのでしょうか．私たちの頭の上には空気が乗っています．この空気の重さによって受ける力が気圧です．山などに登り，頭の上に乗った空気が少なくなると，気圧は小さくなります（図4-3）．

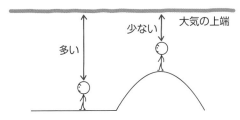

図4-3 気圧のイメージ

また水中に入ると**水圧**が働きます.水圧の原因は気圧と似ていて,上に乗っている水にはたらく重力が原因です(図4-4).

水がのっている

図4-4 水圧のイメージ

水圧の大きさを計算してみましょう.水圧を計算するためにはまず水の密度を知る必要があります.密度とは単位体積あたりの質量のことを示します.

公式

$$\rho = \frac{m}{V} \quad 密度 = \frac{質量}{体積}$$

水の密度は1000 kg/m³です.

これを使って水圧の大きさを求めてみましょう.深さ1mの場所での水圧を計算で出してみましょう.

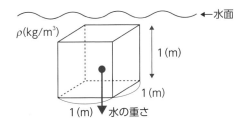

ρ(kg/m³)

1(m)

1(m)

1(m) 水の重さ

←水面

図4-5 水の重さ

図4-5のように,深さ1mの場所にある1 m²の面の上には,1 × 1 × 1 = 1 m³の水が乗っています.水はその密度が1 m³あたり1000 kgなので,この水の重力はmgより

$$1000 \times 9.8 = 9800 \, \text{N}$$

となります.深さ1mの場所での1 m²あたりにはたらく力の大きさを求めたので,水圧は9800 N/m²,つまり深さ1mでの圧力は9800 Paです.

同様にして水圧を求めると,水圧は次の式で示すことができます.

$$P = 9800 \times h \quad 水圧 = 9800 \times 深さ$$

※ 実際の水圧には,この水の上に乗っている大気圧も加わります.

また,水圧や気圧はこのように大気の厚さや水の深さに比例して,さまざまな方向から物体を押しつぶすように働きます(図4-6).

←水面

浅い 水圧 小

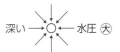

←水面

深い 水圧 大

図4-6 水面からの深さと水圧の関係

水のなかで軽くなるのはなぜ?

プールに入ると,体が軽くなったように感じます.これは水などの流体から浮力という力を受けるためです.浮力の原因について考えてみましょう.

たとえば水の中に大きさのある物体を沈めると,その物体の上面と下面にはたらく水圧は,下面のほうが深いため大きくなります(図4-7a).

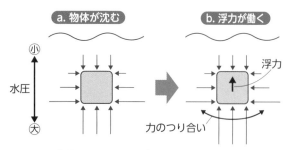

| a. 物体が沈む | b. 浮力が働く |

図4-7 物体にはたらく浮力

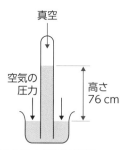

図4-8 水銀柱による大気圧の測定

よって力を合成すると，上向きに残ります（図4-7b）．この力が**浮力**であり，上下の圧力差が浮力の正体です．浮力は次の公式で表されます．

$$F = \rho V g$$

浮力 ＝ 流体の密度 ×
物体が沈んでいる部分の体積 × 重力加速度

この式の意味は，「物体は，その物体が押し出した流体にはたらく重力と，同じ大きさの浮力を受ける」ことを示します．これを**アルキメデスの原理**といいます．

圧力のいろいろな単位

圧力の単位には Pa のほかに atm や mmHg というものがあります．1 atm とは海抜 0 m での気圧の大きさ1.013×10^5 Pa をいい，地上気圧を中心にした単位です．

またイタリアのエヴァンジェリスタ・トリチェリ Evangelista Torricelli は，地上で細長いガラス管に水銀を満たしてから，水銀を満たしたお皿にそのガラス管を逆さにしてたてると，高さ約76 cm で止まることを発見しました．これは水銀面を押す大気圧（空気の重さ）と，ガラス管のなかの水銀柱の重さが釣り合っていることを示しています．つまり，このときの持ち上がった水銀の重さを調べれば，大気圧の大きさがわかります（図4-8）．

水銀柱の高さがその場所の気圧の大きさを示すため，持ち上がった水銀（Hg）の高さを用いて地上気圧を表現すると，76 cmHg（＝ 760 mmHg）となります．Hgという圧力の単位は日常でも使われており，血圧が100というときは，100 mmHg ということを示しています．

日本の医療現場ではまだまだミリメートル水銀柱（mmHg）がポピュラーなので，パスカルからミリメートル水銀柱への換算はぜひマスターしておきましょう（p.29のコラム「パスカル」を参照）．

Point

地上気圧
1013 hPa = 1 atm = 760 mmHg

2 物を回転させる力とつり合いの状態

力のモーメントは回転力

次に物体の回転について考えていきましょう．力を加えても変形をしない物体を**剛体**といいます．今までは物体の大きさについては考えてきませんでしたが，本章では大きさをもつ剛体にはたらく力について考えます．

図4-9のように，棒の片方を固定し，もう片方に力を加えると，棒は回転します．物体には大きさがあるので，力を加える場所によっては，物体はこのように**回転運動**をすることがあります．

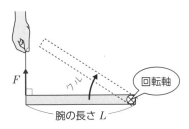

F
腕の長さ L
ワ力
回転軸

図4-9 回転運動

物体を回転させようとする能力のことを**力のモーメント**といいます．力のモーメントは次の式で表されます．

公式

$N = FL$　力のモーメント = 力 × 腕の長さ

応用編 ワンポイント物理講座

パスカル

　圧力の単位は**パスカル**（Pa）をよく使います．天気予報や台風情報ではすでにヘクトパスカル（hPa）として使用されていますね（1hPa=100Pa）．

　ところで，圧力というのは単位面積に加わる力という意味なので，その組立単位は N/m^2 のはずですが，実はこれがパスカルなのです．つまり1平方メートル（m^2）当たり1ニュートン（N）の力が加わるときの圧力が 1 Pa というわけです．日本の医療現場ではまだまだミリメートル水銀柱（mmHg）が主流ですが，すでにパスカルに切り替えられたものもあります．その代表例が酸素ボンベ（**図1**）．平成9年から高圧ガス保安法が施行され医療用酸素ガスの圧力はメガパスカル（MPa）に統一されました．**図2**は医療用酸素ボンベに取り付ける圧力計ですが，たしかに MPa と明記されています．

　mmHgのことを **torr（トル）** という単位で使うことがあります．本文（p28）で登場したエヴァンジェリスタ・トリチェリ Evangelista Torricelli という科学者の名前を覚えていますか．彼は1643年，ガラス管に満たした水銀が大気圧という圧力で760 mmの高さまで持ち上げられることを示したことで知られています．圧力の単位トル（Torr）は彼の業績を記念するものです．

図1 医療用酸素ボンベ

図2 圧力計

重要事項
① パスカルと気圧との関係：1 MPa = 10 kg/cm² ≒ 10気圧
② 気圧とミリメートル水銀柱（mmHg）とパスカルとの関係：
　 1気圧 = 760 mmHg = 1013 hPa

力のモーメントは回転軸からの距離（腕の長さという）と加えた力に比例します．力のモーメントの単位はNm（ニュートンメートル）を使います．また力のモーメントは一般的には**反時計回りの回転を正，時計回りの回転を負**とします．

力のモーメントには2つの注意点があります．図4-10aのように，回転軸に対して横方向から押した場合を考えます．この場合，棒に力がはたらきますが，どんなに押しても棒は回りません．よってこの力のモーメントは0です．また図4-10bのように，回転軸に直接力を加えた場合を考えます．この場合，棒に力ははたらきますが，どんなに大きな力を加えても，棒は回りません．回るか，回らないかが力のモーメントでは大切なので，この時の力のモーメントは0です．

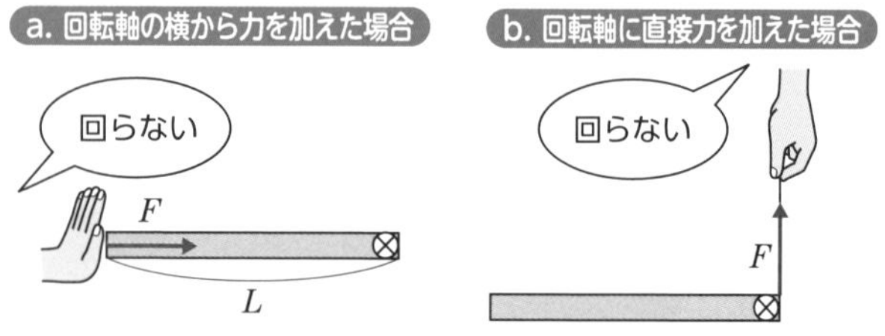

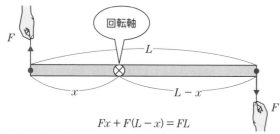

a. 回転軸の横から力を加えた場合

回らない

$N = 0 \times L = 0$

b. 回転軸に直接力を加えた場合

回らない

$N = F \times 0 = 0$

図4-10　回転しない物体の力のモーメント

偶力とは

ハンドルをまわすなど，平行で逆向きに同じ大きさの力が働いている場合，この2つの力を**偶力**といいます．力のモーメントの和を計算すると偶力のモーメントは次の図4-11のように，どの点の回りを考えても，FLとなります．

回転軸

$$Fx + F(L-x) = FL$$

図4-11　偶　力

力のモーメントのつり合い

図4-12のように体重の同じ双子の兄弟をそれぞれの端に乗せてみましょう．回転軸から距離が同じ距離 L に乗せると，シーソーはつり合って回転しません．これは，兄と弟のモーメントが等しくなっているためです．

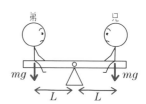

$$mgL - mgL = 0$$
$$mgL = mgL$$

（⟳ 弟の力のモーメント＝⟲ 兄の力のモーメント）

図4-12　同じ体重でつり合っているときのモーメント

これを**力のモーメントのつり合い**といいます．また図4-13のように，弟のかわりに質量 M のお相撲さんを乗せてみましょう．シーソーは反時計回りに回転してしまいます．しかしお相撲さんを軸に近い位置に乗せると，シーソーがつり合う位置 L' があります．

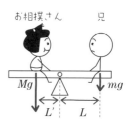

$$Mg \times L' = mg \times L$$

（⟲ 反時計回りの回転力＝⟳ 時計回りの回転力）

図4-13　異なる体重でつり合っているときの力のモーメント

これは図4-13の式のように，お相撲さんの力のモーメントの「腕の長さ」が小さくなることで，兄の力のモーメントとつり合うためです．

力のモーメントのつり合い

$$\overset{\curvearrowleft}{\Box} = \overset{\curvearrowright}{\Box}$$

反時計回りの力のモーメント＝時計回りの力のモーメント

大きさのある物体にはたらく力の合成

図4-14aはある物体に同じ直線上で2つの同じ大きさの力を，逆向きに加えている様子を示しています．力はつり合い物体は静止しています．

このとき，剛体にはたらく力を作用線上で動かして，図4-14bのようにB点に力を加えても，力のつり合いは成り立ちます．

a. A点を引くとき

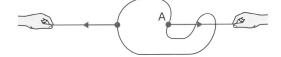

b. B点を引くとき

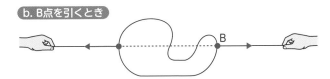

図4-14 同一作用線上で剛体を2方向に引いたとき

このように，剛体にはたらく力は作用線上で動かしても，その効果は変わりません．

これを踏まえて剛体にはたらく平行ではない2つの力を合成する場合，それぞれの力を作用線の交点まで延長して合成することができます（図4-15）．

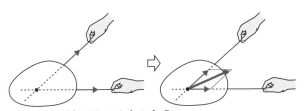

図4-15 並行でない2力の合成

重心とその見つけ方

図4-16のように，左側に大きな物体，右側に小さな物体をつけた棒があるとします．この棒を支えることができる場所を求めてみましょう．

支えることのできる場所では，回転してはいけないので，端からxの場所について力のモーメントのつり合いの式を作ります．

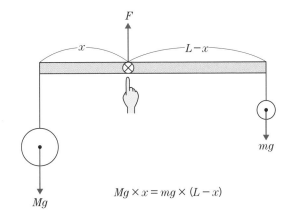

$$Mg \times x = mg \times (L-x)$$

$\overset{\curvearrowleft}{\Box}$反時計回りの力のモーメント＝$\overset{\curvearrowright}{\Box}$時計回りの力のモーメント

図4-16 物体の重心と力のモーメントのつり合い

この式から回転しない点xを求めることができます．このような場所を**重心**といいます．また上下の力のつり合いより，

$$F = Mg + mg$$

$\uparrow$上向き力 ＝ $\uparrow$下向きの力

という力のつり合いの式も立てることができます．よって位置xに上向きに$Mg + mg$の力を加えると，物体を回転させることなく支えることができます．

このように重心とは，物体の各部分にはたらく重力を，代表する点のことをいいます．

力のモーメントは医療現場では非常に重要です．応用力を身につけると患者の体位変換等がとてもスムースに行えます．看護師国家試験でも過去に出題されています．興味ある方はp.32のワンポイント物理講座「ボディーメカニクス」に進んでください．

ボディーメカニクス

力のモーメントは患者の体位変換や患者をベッドからストレッチャーに移すときに必須の基礎知識です．看護師国家試験の過去問（第94回午前問題56）を吟味してみましょう．

【問1】 右の図の①〜④のうち，もっとも動かしやすい姿勢はどれか．根拠を考えながら選びなさい．（問題は一部改変）

【解】 なぜ医療現場に物理が必要かというテーマに最もふさわしいシーンです．出題者が求めているのは力のモーメントについての基礎知識，つまり，

力のモーメントの大きさ
＝腕の長さ×力

です．この場合の腕の長さに相当するのはベッドから膝までの距離．これが長ければ長い程，加える力は少なくてすみます．

腕の長さが最も長いのは④．この問題では重心の位置も大事です．つまり，重心が高ければ高い程，体位は不安定になり，より少ない力で変換できます．最も重心が高いのも④です．したがって，正解は間違いなく④．

このように介護の場に物理学的原理を活用する技術を**ボディーメカニクス**といいます．なお，

力のモーメントは**トルク**とよばれることもありますので覚えておきましょう．

続けて図2のように前腕を水平にして玉を保持しているとき，肘屈筋（上腕二頭筋など）にかかる力を計算するにはどうすればよいか考えてみましょう．これは理学療法士国家試験で実際に出題された問題です．

【問2】 図のように前腕を水平にして玉を保持している．手と前腕および玉の合成重心にRニュートンの力がかかっている．

肘屈筋にかかる力F（ニュートン）はどれか．

1. $1/7 \times R$　　　　4. $7 \times R$
2. $1/8 \times R$　　　　5. $8 \times R$
3. $6 \times R$

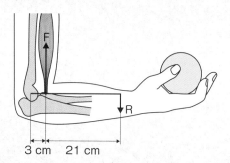

3 cm　　21 cm

（理学療法士国家試験第43回午前問題4）

【解答】 まずこの問題にテコの原理を応用します．支点から3cmの部位に働く力（F）が支点から24cmの部位（ここは前腕と玉の合成重心）に働く力Rと釣り合っている状況と考えられます．

①

②

③

④

$$3 \, \mathrm{cm} \times \mathrm{F} = 24 \, \mathrm{cm} \times \mathrm{R}$$

$$\mathrm{F} = \frac{24\mathrm{R}}{3} = 8 \, \mathrm{R} \quad \left(\because \ \frac{24}{3} = 8 \right)$$

……正解は選択肢5

演習として別の過去問にも挑戦してみましょう.

試してみよう

【練習問題1】 てこを図に示す. A を支点とした棒のB点から60 kg 重の錘を糸で垂らした.
棒を水平に支えるためにC 点にかかる力F(N)はどれか.
ただし, 1 N を100 g 重とし, 棒と糸の質量は無視できるものとする.

1. 60 N
2. 80 N
3. 90 N
4. 100 N
5. 120 N

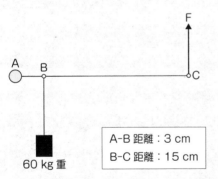

A-B 距離：3 cm
B-C 距離：15 cm

60 kg 重

(理学療法士国家試験第50回午後問題19)

【練習問題2】 重量（W）の頭部を支える力（F）の算出式はどれか.
ただし, Gは頭部の重心である.

1. $F = \dfrac{a}{b} \times W$
2. $F = \dfrac{b}{a} \times W$
3. $F = \dfrac{a}{W} \times b$
4. $F = \dfrac{W}{a \times b}$
5. $F = a \times b \times W$

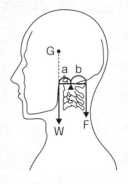

(理学療法士国家試験第47回午後問題3)

【練習問題3】 図のような輪軸を利用して, 力Fで18 kg の物体を引き上げた（ひもの摩擦と重さは無視できるものとする）.
ひもを引く最小限の力Fはどれか.
ただし, 100 g の物体を引き上げるのに必要な力を1 N とする.

1. 20 N
2. 60 N
3. 180 N
4. 540 N
5. 1,620 N

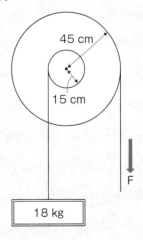

45 cm

15 cm

F

18 kg

(理学療法士国家試験第51回午前問題69)

(練習問題正解　練習問題1→4, 練習問題2→1, 練習問題3→2)

大気圧の大きさを感じてみよう！

　大気圧は普段あまり感じることはないかもしれませんが，条件を整えると突然不思議な現象として目の前に現れます．今回は下敷き1枚を使って，机や椅子を持ち上げてみましょう．

準　備
下敷き，吸盤2個

方　法
❶　机の上に下敷きをおきます．
❷　下敷きの上に吸盤を2個はりつけます．
❸　吸盤をもって，ゆっくりと机を持ち上げてみます．机が突然落ちることがあるので，怪我をしないように注意しましょう．

結　果
　下敷きと机の間に接着剤をつけていないのに，下敷きが机とピタッとはりつき，そのまま持ち上げることができます．

考えてみよう
下敷きには大気圧がはたらき，机と下敷きが離れないように押さえつけています．

　このため下敷きと机はなかなか離れません．たとえば B5 サイズの下敷き（182 mm × 257 mm）には，何 N の大気圧による力がはたらくことになるのか計算してみましょう．驚くような大きさの力がはたらいています．

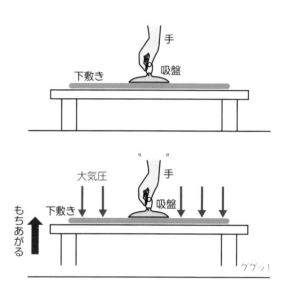

第4章 章末問題

次の各問に答えなさい．ただし必要であれば重力加速度は9.8 m/s²を使ってよい．

① 体重50 kgで両足の靴底の面積を合わせると1.4×10² cm²の人が両足を地面につけて立っている．このとき地面が両足から受ける圧力を求めなさい．

② 深さ2.0 mの水圧を求めなさい．水の密度は1.0×10³ kg/m³とし，大気圧は無視する．

③ 次の（1）～（3）の物体にはたらく浮力の大きさを求めなさい．水の密度は1.0×10³ kg/m³とする．

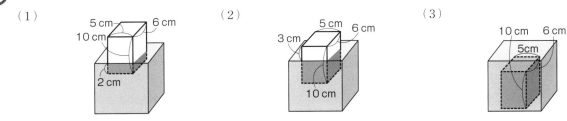

（1）　（2）　（3）

④ 次の図のように棒の左側から2.0 mの位置を自由に回転できるように固定し，F_1～F_3の力を加えた．これらの力のモーメントN_1～N_3をそれぞれ求めなさい．有効数字は2桁とする．

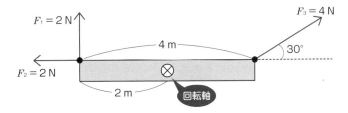

第5章

エネルギーとその保存法則

　身のまわりではエネルギーという言葉が飛び交っています．エネルギーは力の効果を表す考え方の1つです．本章では力とエネルギーの関係について学びます．そしてエネルギー保存の法則によって，物体の運動をエネルギーというメガネをかけて見ていきましょう．

キーワード 仕事, 仕事率, 運動エネルギー, 位置エネルギー, 弾性エネルギー, エネルギー保存の法則

1 力の効果を動かした距離で測定しよう

物理の「仕事」

　エネルギーを理解するためには，物理における仕事という考え方を知る必要があります．仕事は次の式で定義します（図5-1）.

公式

$$W = Fx \quad \text{仕事} = \text{加えた力} \times \text{移動距離}$$

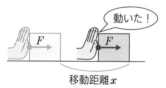

図5-1　仕事

　このように**仕事とは，物体に力を加えて，どれだけ動かしたのか**が大切です．物体を動かしていない場合は，いくら力を加えても仕事にはなりません．仕事の単位はJ（ジュール）で与えられます．仕事1Jを感じ取ってみましょう．重力がおよそ1N（質量100 g）の単一の乾電池を鉛直上向きにゆっくりと1 m持ち上げるとき，手のした仕事が1Jです．

　仕事には，正の仕事と負の仕事があります．**図5-2**を見てください．ある物体を力Fでひっぱり，距

離xだけ動かしたときの様子です．

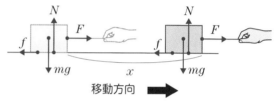

図5-2　正の仕事と負の仕事

　このとき物体には，重力mg，垂直抗力N，摩擦力fがはたらいているとします．力Fは物体を距離x動かしました．この仕事を計算すると次のようになります．

　　手の力Fのした仕事 $= +F \times x = Fx$

　このように物体の移動を助けた仕事を**正の仕事**といいます．一方，摩擦力は移動と逆の方向にはたらいています．このように移動に対して邪魔をした仕事を**負の仕事**といいます．

　　摩擦力fのした仕事 $= -f \times x = -fx$

　重力mgや垂直抗力Nは移動方向と全く関係ない垂直方向を向いています．このとき仕事は0になります．このように仕事は力と移動方向の関係を見ていく必要があります．

練習問題

【問1】 2.0 kgの物体をあらい面の上ですべらせた. 動摩擦力が2.0 Nだとすると, 物体が2.0 m動いたときの摩擦力の仕事を求めなさい.

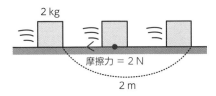

【解答】 $W = -2 \times 2 = -4$ **J**

摩擦力は物体の移動を妨げる方向にはたらいたので, その仕事は負となります.

【問2】 質量30 kgのバーベルを20秒間支えた. このとき, 人がした仕事を求めなさい.

【解答】 **0 J**

仕事は力×移動距離です. 力は加わっていますがバーベルは動いていないため, 仕事は0Jです.

仕事に王道は無い「仕事の原理」

道具を使わないで, 物体を持ち上げる場合と, 斜面を使って引き上げる場合では, 斜面を使ったほうが引き上げるための力は少なくてすみます. しかし引き上げるための距離が増えてしまうため, 仕事は道具を使わないで持ち上げた場合と変わりません. これを**仕事の原理**といいます (図5-3).

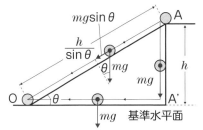

図5-3 斜面を使った仕事と使わない仕事

斜面を使わずに直接持ち上げたときの仕事は,

$$W = mg \times h$$

斜面を使って持ち上げた場合の仕事は,

$$W = mg\sin\theta \times \frac{h}{\sin\theta} = mgh$$

となります.

仕事の速さを示す「仕事率」

同じ100Jの仕事をするにしても, 1秒でする場合と, 100秒でする場合では, 1秒でする場合のほうが効率はよいといいます. 仕事の効率を示す物理量を**仕事率**といい, 仕事率は次の式で示されます.

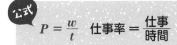

公式 $P = \dfrac{w}{t}$ 仕事率 = $\dfrac{仕事}{時間}$

仕事率は上の式のように単位時間あたりの仕事量を示しています. 仕事率の単位はW(ワット)で与えられます. たとえば, 1秒で100Jの仕事をする場合, 仕事率は100 W, 100秒で100Jの仕事をするときは1 Wになります. つまり前者のほうが効率がいいことがわかります.

日常生活で利用する電気機器には○○ワットと表記されています. これは**電力**といい, 仕事率を示しています. このように, **仕事率は電磁気分野と力学分野をつなぐ架け橋**になるのです.

【問】 質量10 kgの物体に糸をつけて，等速で5.0 m持ち上げた．このとき張力（糸の力）がした仕事を求めなさい．また5.0 m持ち上げるのに10秒かかった．このときの仕事率を求めなさい．

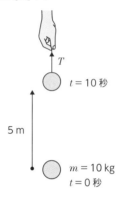

【解答】

等速で持ち上げているため，静止させた場合と同様，糸の張力 T と重力 mg はつり合っています．力のつり合いの式を作ると張力は，

$$T = mg$$

となります．糸の張力を求めると，

$$T = 10 \times 9.8 = 98 \, \text{N}$$

よってこのとき張力がした仕事は，

$$W = Fx = 98 \times 5 = 490 = 4.9 \times 10^{2} \, \text{J}$$

となります．またこのときの仕事率は，

$$P = \frac{W}{t} = \frac{490}{10} = 49 \, \text{W}$$

となります．

2 いろいろなエネルギー

エネルギーは仕事をする能力

それではエネルギーについて考えてみましょう．ボールを投げて物体にぶつけると，ボールはその物体を動かすことができます．つまり，運動している物体は，別の物体に仕事をする能力をもっています．

仕事をすることができる能力のことを**エネルギー**といいます（図5-4）．

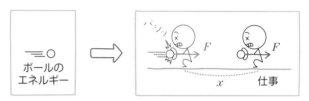

図5-4 仕事とエネルギー

運動する物体のもつエネルギー

物体が運動をしていることによってもっているエネルギーのことを**運動エネルギー**といいます．運動エネルギー E は次の式で示されます．

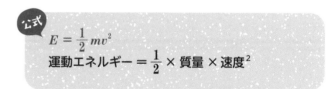

公式
$$E = \frac{1}{2} mv^2$$
運動エネルギー $= \frac{1}{2} \times$ 質量 $\times$ 速度^2

高い所にある物体のもつエネルギー

次の図5-5のように，鉄球をある高さまで持ち上げて手を離すと，鉄球は速度を増しながら落ちていきます．もし下に釘があれば，鉄球は釘に力を与えて，釘を押し込める，つまり仕事をすることができます．この例のように，高い場所にある物体は，そこにいるだけで仕事をする能力があります．つまりエネルギーをもっています．この高さのもつエネルギーを**位置エネルギー**といいます．位置エネルギーは次の式で表されます．

公式

$$E = mgh$$

位置エネルギー = 質量 × 重力加速度 × 高さ

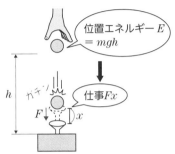

図5-5　仕事と位置エネルギー

　位置エネルギーは基準が大切です. 基準点より高い場所にある物体は正の位置エネルギーを, 低い位置にある物体は負の位置エネルギーをもちます.

弾性力 ─ばねのもつ位置エネルギー

　ばねをx(m)縮めて, そこにボールを置いて手を離すと, ボールはばねから力を受けて飛び出していきます. つまり縮んだばねや伸びたばねは, 仕事をすることができます. ばねのもつエネルギーを, **弾性力による位置エネルギー**, または**弾性エネルギー**といい, 次の式で表されます.

公式

$$E = \frac{1}{2}kx^2$$

弾性エネルギー
$= \frac{1}{2} ×$ **ばね定数 × 伸び^2（または縮み^2）**

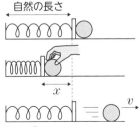

図5-6　弾性エネルギー

式のxには, フックの法則と同じように自然の長さからの伸び, または縮みが入ります.

練習問題

【問1】　次の物体のもつ運動エネルギーを求めなさい. ただし有効数字は2桁とする.

(1)　30 m/s　0.20 kg
(2)　30 m/s　30°　0.20 kg
(3)　50 kg　0.5 m/s

【解答】

(1) $E = \dfrac{1}{2} × 0.2 × 30^2 = 90$ **J**

(2) $E = \dfrac{1}{2} × 0.2 × 30^2 = 90$ **J**

(3) $E = \dfrac{1}{2} × 50 × 0.5^2 = 6.25 = 6.3$ **J**

　運動エネルギーは大きさだけの量なので, 方向は関係ありません. そのため（1）と（2）は同じエネルギーになります.

【問2】　ばね定数が 20 N/m のばねがある. このバネの一端を壁につけ, もう片方におもりをつけた. おもりを引いてバネを 0.20 m 伸ばしたときの弾性エネルギーを求めなさい.

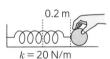

0.2 m
$k = 20$ N/m

【解答】$E = \dfrac{1}{2}kx^2 = \dfrac{1}{2} × 20 × (0.20)^2 = 0.40$ **J**

3 エネルギーの保存とその利用

力学的エネルギーの保存

運動エネルギー・位置エネルギー・弾性エネルギーを合わせて，**力学的エネルギー**といいます．物体に対して重力のみがはたらく空間（そのほかの外力が働かない空間）では，力学的エネルギーは常に一定に保たれます．

力学的エネルギーの保存について，物体を投げ上げた場合のエネルギーの変化を見てみましょう．次の図5-7を見てください．

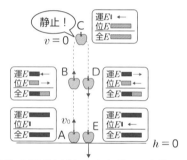

図5-7 物体の投げ上げとエネルギーの変化

はじめにもっていた運動エネルギー（A）が，高くなるとともに位置エネルギーへと変わり（B），最高点にきたときにリンゴは静止し，すべてが位置エネルギーになります（C）．その後位置エネルギーが運動エネルギーに変わって（D），落ちてきます（E）．

このように，運動エネルギーと位置エネルギーの和，つまり力学的エネルギーの和は，A，B，C，D，Eにおいて常に一定となります．「はじめの運動エネルギー」が，その場その場で，位置エネルギーと運動エネルギーに変化しているだけなのです．これを力学的エネルギーの保存といいます．

力学的エネルギーの保存を使ってみましょう．たとえば，AとCの力学的エネルギーの和は同じになっており，次の式の関係になります．

$$\frac{1}{2} m v_0{}^2 = mgh_c$$

Aのエネルギー ＝ Cのエネルギー

この式を計算すれば，Cの高さh_cを求めることができます．

$$h_c = \frac{v_0{}^2}{2g}$$

=== 練習問題 ===

【問】　質量0.10 kgのボールを地上から高さ5 mのところから自由落下させた．以下の各問に答えなさい．重力加速度は9.8 m/s^{2}とする．

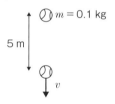

(1)　はじめの状態の力学的エネルギーの和を求めなさい．
(2)　地面に落下したときの速さをvとして，このときの力学的エネルギーの和を求めなさい．
(3)　地上に落下したときの速さvを求めなさい．

【解答】

(1)　力学的エネルギーとは，（運動エネルギー ＋ 位置エネルギー ＋ 弾性エネルギー）のことをいいます．この問題には，ばねは登場しないので弾性エネルギーは常に0 Jです．

物体ははじめ速度をもっていないため運動エネルギーは0 J.

5 mの高さをもっているので，位置エネルギーは，

$$E = mgh = 0.10 \times 9.8 \times 5 = 4.9 J$$

よって力学的エネルギーは，$0 + 4.9 = 4.9$ **J**となります．

40

(2) (1) と同様に，地面に落下したときの速度をvとすると，運動エネルギーは

$$E = \frac{1}{2} m v^2 = \frac{1}{2} \times 0.1 \times v^2 = 0.05 \, v^2$$

高さは0なので，位置エネルギーは0 J.

よって，力学的エネルギーは$0.05 \, v^2 + 0 = 0.05 \, v^2$ [J].

(3) 力学的エネルギーの保存より，(1) の答え = (2) の答え となります．

$$4.9 = 0.05 \, v^2$$

（はじめのエネルギー = あとのエネルギー）

$$v^2 = 98$$

よって速さは，$v = 7\sqrt{2} = 9.8\overline{7} ≒ 9.9 \, \mathbf{m/s}$

このとき，物体がもっていた運動エネルギーは，摩擦力による負の仕事によって失われています．摩擦力のする仕事は，熱のエネルギーとなって，物体がすべっていた床の温度をわずかに上昇させます．

このように，エネルギーには力学的エネルギーのほかにも熱エネルギーや電気のエネルギーなどさまざまな種類があります．これらのエネルギー全体を考えると，「**力学的**」エネルギーは保存されていなくても，「**すべてのエネルギーの和**」は常に保存しています．これを**エネルギー保存の法則**といいます．

一般に摩擦力や空気抵抗などがはたらく場合，物体は負の仕事をされるため，「力学的エネルギー」は保存されず減少してしまいます．

いろいろなエネルギーの保存

粗い面の上で物体を動かすと，物体は摩擦力によって静止してしまいます．この場合，物体がはじめにもっていた運動エネルギーは0となってしまい，力学的エネルギーは保存されません（図5-8）．

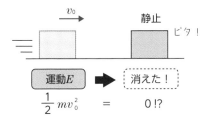

図5-8 運動エネルギーはどこにいった？

自由落下における力学的エネルギー

　自由落下の際に，それぞれの高さにおいて重力による位置エネルギーや，運動エネルギーがどのように変化するのかを実験で確かめてみましょう．

準 備
スタンド，アーム3本，ビースピ（簡易速度計）2台，スーパーボール1つ

方 法
❶　図のように速度計を2台セットする．

❷　スーパーボールを自由落下させて2地点の速度を記録する．

❸　同じ高さからの測定を複数回行い，平均値を計算する．

❹　速度計と物体の間の距離や速度から位置エネルギーUと運動
エネルギーK を計算する．

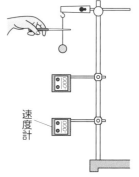

速度計

おもりの質量:0.0282 kg

結果例
　次の結果は実際に測定した値です．筆者が取ったデータなので，できれば自分でデータを取ってみましょう．

高さ（m）	①重力による 位置エネルギー（J）	速さ（m/s） （5回の平均値）	②運動エネルギー （J）	力学的エネルギー （①+②）
0.600	0.166	0	0	0.166
0.400		1.93		
0.200		2.74		

解析をして，どのような傾向があるのか確かめてみよう．

ワーク1　表の空欄を埋めてみよう．

ワーク2　①と②を足して，それぞれの高さでの力学的エネルギーをもとめて比較しよう．

考えてみよう
　この結果からどのようなことがいえるのでしょうか．たとえば，表から①重力による位置エネルギーと②運動エネルギーの変化を比較すると，

　　＜高さ60 cm → 40 cm のとき＞

　　①：0.166 J → 0.111 J（0.055 J 減少）

　　②：0 J → 0.0523 J（0.0523 J 増加）

となります．高さ60 cm → 20 cm の場合についてもたしかめてみましょう．重力による位置エネルギーの減少分と，運動エネルギーの増加分がほぼ等しいことがわかります．そこで重力による位置エネルギーと運動エネルギーの和，力学的エネルギー（①+②）を比較すると，どちらの場合もどの位置でもほぼ変わりません．このように力学的エネルギーは自由落下運動において変化していないことが確認できます．

第5章 章末問題

① 高さ h の場所から水平方向に初速度 v_0 の速さでボールを投げた．地面に落下したときの速度 v' を求めなさい．

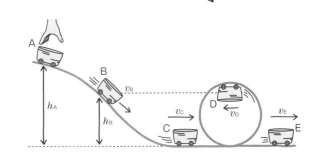

② 図のようなレールの上に，質量 m の台車を高さ h_A のA点におき手を離した．その後台車は速度を変化させながら，B（高さ h_B），C，D（Bと同じ高さ），Eへと動いていった．各地点での速度を求めよ．重力加速度を g とし，摩擦力ははたらかないものとする．

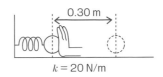

③ ばね定数が20 N/mのばねがある．このばねの一端を壁につけ，もう片方に 2.0×10^2 g のおもりをつけた．このおもりを押してばねを0.30 m 縮めた．このばねが自然の長さを通るときのおもりの速さを求めなさい．

④ 水平な荒い面の上で質量4.0 kgの物体を10 m/sで動かした．物体は少しずつ速度を落として，最後には静止した．このとき摩擦力のした仕事は何 J か求めなさい．

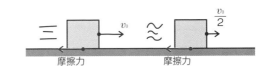

⑤ あらい水平な机の上で消しゴムを押して初速度 v_0 をつけて手を離した．消しゴムは摩擦力によって減速し，距離 L 離れたところで，速度がはじめの半分になった．

（1）力学的エネルギーの変化量を求めなさい．
（2）摩擦力のした仕事を求めなさい．

第6章

運動量と視点の違いにより感じる力

力の効果の表し方には，仕事（力×距離）のほかにも力積（力×時間）もあります．本章の前半ではこの力積と，物体の運動の勢いを示す運動量について学習していきます．また力には，加速した人だけが感じることができる不思議な慣性力という力もあります．後半では，この慣性力という力について学びます．

キーワード 運動量，力積，運動量保存の法則，相対速度，慣性力，遠心力

---

1 運動量 ─力の効果のもう一つの見方

運動量と力積のポイントは時間

机にボールを落として衝撃を与える場合，重いボールほど強い衝撃を与えることができます．また軽いボールでも高い場所からスピードをつけて落とすと，強い衝撃を与えることができます．このように物体の運動の激しさを表す量Pを**運動量**といいます．運動量は次式で定義されます．

公式

$P = mv$　運動量 = 質量 × 速度

運動量の単位は，kg・m/sを用います．運動量はベクトル量であり，速度と同じ方向を向きます．

ある速度vで移動している物体に，力Fをある時間Δt秒間加えると，速度が変化するので，運動量も変化します（図6-1）．

図6-1　力と運動量の関係

このときの物体の加速度は，

$$a = \frac{(v'-v)}{\Delta t}$$

となります．この式を運動方程式$ma = F$のaに代入すると，

$$\frac{m(v'-v)}{\Delta t} = F$$

この式を変形すると次式のようになります．

$mv + F\Delta t = mv'$
はじめの運動量 + 力積 = あとの運動量

これははじめの運動量mvに$F\Delta t$というものが加わり，運動量が変化してmv'となったことを示しています．運動量を変化させた$F\Delta t$を**力積**といいます．力積の単位はNsです．力積も運動量と同様にベクトル量であり，加えた力と同じ方向を向きます．

力積と運動量の関係は，仕事とエネルギーの関係に似ています．しかし仕事は力が加わったときに「物体が動いた距離」に着目しているのに対して，力積は「力の加わった時間」をもとに考えている点で異なります．どちらも力の効果を表すために必要な物理量です．

$$距離 \qquad 時間$$
$$↓ \qquad\qquad ↓$$
$$仕事（Fx） \longleftrightarrow 力積（Ft）$$
$$エネルギー \longleftrightarrow 運動量$$

また力積や運動量はベクトル量なので，ベクトルの計算をする必要があります．次の図のように，野球ボールが右向きに飛んできて，バットで左斜め上に打ち返したときの，運動量と力積の変化は図6-2の右のようになります．

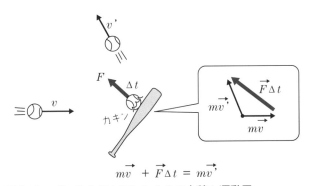

$$\vec{mv} + \vec{F}\Delta t = \vec{mv'}$$

図6-2 ボールを打ち返したときの力積と運動量

全体の運動量は変化しない

図6-3のように，車の衝突について考えてみましょう．後ろから速い車A（質量m）が遅い車B（質量M）に衝突したとします．

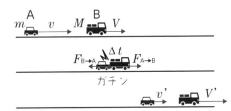

図6-3 車の衝突と運動量の変化

車Aについて運動量と力積の関係式を立ててみましょう．右向きを正として，物体が衝突したときにAがBから受ける力を$F_{B→A}$，接触時間をΔtとします．車Aの運動量の変化は次の式で表すことができます．

$$mv - F_{B→A}\Delta t = mv' \qquad ①$$

また車Bについて運動量と力積の関係式を同じように立ててみましょう．衝突したときにBがAから受ける力を$F_{A→B}$とし，接触時間はAの場合と同じなので，Δtとします．

$$MV + F_{A→B}\Delta t = MV' \qquad ②$$

ここで，$F_{B→A}$と$F_{A→B}$はお互い，作用・反作用の関係にあるので，大きさは同じで向きは逆向きです．よって①と②の式を足し合わせると力積の部分が打ち消されて，次の式が残ります．

$$mv + MV = mv' + MV'$$
衝突前のAとBがもつ運動量の和
＝ 衝突後のAとBがもつ運動量の和

この式は2つの車を別々に見るのではなく，同時に見ることで，2つの車のもっている運動量の和が衝突の前後で変化しないことを示しています．これを**運動量の保存**といいます．一般に，ある複数の物体同士で力を及ぼし合うだけで，そのほかの外力を受けないとき，全体の運動量は変化しません．たとえば，1つの物体が2つ以上の物体に分裂する場合でも成り立ちます．これを**運動量保存の法則**といいます．

運動量の保存と力学的エネルギーの保存

物体が衝突をするときには，必ず運動量は保存されます．しかし，力学的エネルギーは多くの場合，保存されません．その理由は，力学的エネルギーの一部は衝突した際に，物体が変形するための仕事や熱エネルギーなどに使われてしまうからです．

【問】 平面上を質量0.10 kgの台車Aが東方向に0.50 m/s
で，吸盤をつけた質量0.20 kgの台車Bが西方向に0.70 m/s
で進んでいる．2つの台車は衝突し，Bの吸盤によって2つ
の台車は一体となってある速度で動きはじめた．運動量
保存の法則を使い，この速度（速さとその向き）を求め
なさい．

【解答】

　東向きを正として運動量の保存を考えます．衝突後の
物体は一体となり，東向きに速度vで移動をしていると
仮定します．

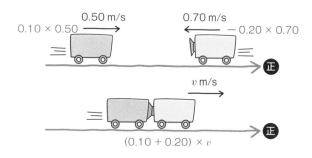

運動量保存の法則より，

$$0.10 \times 0.50 + (-0.20 \times 0.70) = (0.10 + 0.20) \times v$$
はじめの運動量の和 ＝ あとの運動量の和

数式を解くと，$v = -0.30$ m/sとなります．値が負なの
で，仮定とは逆だったということがわかります．よって
答えは，**西向きに0.30 m/s**.

2　相対速度と慣性力で世界を見直してみよう

相対速度とは

　次の**図6-4**のように，ある車Aが20 m/sの速度で右
に進んできたとします．また別の車Bが反対側から
10 m/sの速度で向かってきたとします．

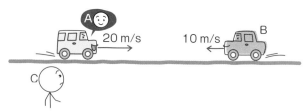

図6-4　Cさんから見た車の速度

　このときの速度というのはCさんという止まった人か
ら見たときの速度です．ここで車AのなかにいるAさん
の立場から，車Bの速度を考えてみましょう．

図6-5　Aさんから見た車Bの相対速度

　Aさんは「自分の速度を体感すること」はできませ
ん．よって，Aさんの車から見ると，あたかも自分が静
止しており，車Bが「自分の速さ20 m/s」プラス「相手
の速さ10 m/s」，つまり30 m/sの速さで向かってくるよ
うに見えます．

図6-6　Aさんから見た車Bの相対速度

　このときのAさんの立場から見た車Bの速度を**相対速
度**といいます．相対速度は**図6-7**のようにベクトルを
計算することによって求めることができます．

① 自分の速度を書きます

② 相手の速度を自分の始点から引きます

③ 自分の矢印の頭から相手の矢印の頭に向かって矢印を伸ばします.

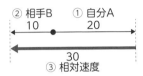

図6-7 相対速度の向きと大きさの求め方

この矢印が，相対速度の向きと大きさを示します．次に2次元の相対速度について考えてみましょう.

次の図6-8のように北向きに車Aが速度V_Aで，車Bが東向きに速度V_Bで十字路を進んできたとします（図6-8a）.

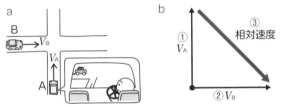

図6-8a 十字路で遭遇したときの相対速度

このとき，車Aのなかにいる運転手から見ると，車Bは南東方向に向かってくるように見えますね．これが車Aから見た車Bの相対速度です．相対速度の向きと大きさを求めるために，先ほどと同じ方法で作図することによって求められます（図6-8b）.

練習問題

【問】 次の図のように車 A，B，C が走っている．次の各問に答えなさい．有効数字は2桁とします.

(1) 車 A から見た車 B の相対速度を求めなさい.

(2) 車 A から見た車 C の相対速度を求めなさい.

(3) 車 C から見た車 A の相対速度を求めなさい.

【解答】

図6-7の①～③の手順に従って，作図をして相対速度を求めていきましょう.

(1) 次の図より，相対速度は**右向きに10 m/s**です.

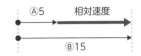

(2) 次の図より，相対速度は**左向きに15 m/s**です.

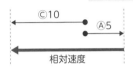

(3) 次の図より，相対速度は**右向きに15 m/s**です.

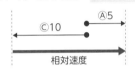

静止した視点は存在するのか

私たちは日常では図6-4のCさんのように静止した立場から物事を眺めています．しかし，Cさんの立場が絶対的な立場かというと，そうではありません．地球は自転をしているので，Bさんから見た速度も宇宙から見れば，相対速度になるのです．また太陽系も銀河とともに動いています．このようにすべての速度は実は相対速度なのです.

慣性力 ─加速したときに感じる見かけ上の力

最後に慣性力という力について考えていきましょう．電車に乗っていると，床に捨てられた空き缶が，右に左にゆらゆらと，誰も触っていないのに動いていることがあります.

図6-9は駅で止まっていた電車がある加速度aで加速をはじめた様子を示しています．また電車のなかには空き缶があり，この空き缶と床には摩擦がはたらかないとします.

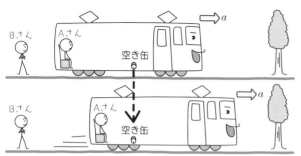

図6-9　Bさんが見た電車の様子

　電車が出発すると，空き缶は慣性の法則からその場に静止したまま動きません．Aさんは電車とともに動きだし，空き缶に近づいていきます．外にいる静止したBさんは「Aさんが，静止した空き缶に加速度aで近づいていった」ように見えるでしょう．

　次に図6-10のようにAさんの立場になって電車のなかに乗っている様子を考えると，Aさんは「電車が出発したら空き缶が加速度aで近づいてきた」ように見えます．運動方程式を考えれば，あたかも物体には，maの力が電車の加速度方向と逆向きに空き缶にはたらいているように見えます．このAさんの立場になると見える「見かけの力」を**慣性力**といいます．**慣性力は加速物体に乗った人だけが感じることのできる力**で，反作用力はありません．

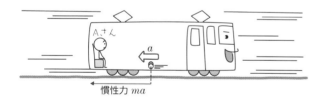

図6-10　Aさんから見た慣性力

練習問題

【問】　ある一定の速度で走っている電車にAさんが乗っている．Aさんの前には空き缶がある．電車がブレーキをかけ，加速度αで減速した．このときAさんから見た空き缶の運動の様子を答えなさい．ただし空き缶と電車の面との間には摩擦力ははたらかないものとします．

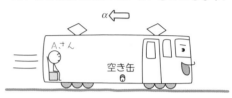

【解答】
　空き缶にはたらく力は，次の図のように垂直抗力と重力，そして電車の加速度と逆向きに$m\alpha$の慣性力です．

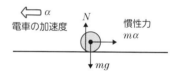

　上下の力はつり合っています．右側に慣性力$m\alpha$のみが残っているので，運動方程式に代入すると，

$$ma = m\alpha$$
$$a = \alpha$$

となります．空き缶はAさんから見ると**右向きに加速度αで加速運動をはじめる**ことがわかります．

向心力と円運動の慣性力（遠心力）

ハンマー投げなどで，物体を回すとき，物体には常に円の中心方向に力を加える必要があります．運動方程式で考えると，力が加わった方向に物体は加速するので，円運動の加速度は常に中心方向を向いてることがわかります（図6-11）．

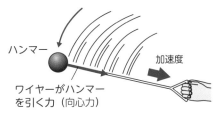

ハンマー

加速度

ワイヤーがハンマー
を引く力（向心力）

ワイヤーがハンマーを引く力が
向心力となっている

図6-11　ハンマー投げの円運動

これが外から見た立場の円運動の様子です．

次に円運動をする物体に乗って考えてみましょう．遊園地でコーヒーカップなどのクルクルと回る乗り物に乗ったときのことを思い出してください．回転体に乗っていると，私たちは中心方向から遠ざかる向きに力を受けているように感じます．この力を**遠心力**といいます．遠心力は慣性力の一種です．回転体はその中心方向に加速度が生じているので，一緒に回る観測者には，その加速度と逆向きに慣性力（遠心力）を受けるというわけです（図6-12）．

遠心力

図6-12　円運動の慣性力

第6章 章末問題

次の各問に答えなさい．ただし必要であれば重力加速度は9.8 m/s²を使ってよい．

① 質量0.10 kgの物体の運動量の大きさと向きを求め，東西南北から選んで答えなさい．有効数字は2桁とする．

（1） 0.10 kg　10 m/s

（2） 5.0 m/s

北
西　東
南

② 速度vで飛んできた質量mのボールにバットで力を加えて，逆向きに同じ速度vで打ち返した．このとき，バットがボールに加えた力積の大きさを求めなさい．

m　　v

v　　m

③ 平面上を質量0.10 kgの台車Aと質量0.20 kgの台車Bが吸盤でくっつきながら，0.50 m/sの等速で運動している．あるときAとBが分裂し，台車Aが左方向に0.30 m/sで進みはじめた．分裂後のBの速度を求めなさい．

0.50 m/s

A　B

④ 右の図のように車A，B，Cが走っています．次の各問に答えなさい．ただし有効数字は2桁で答えること．

（1）Aから見たBの相対速度を求めなさい．
（2）Aから見たCの相対速度を求めなさい．

B　5 m/s
C　10 m/s
北
西　東
南
A　10 m/s

⑤ エレベーターの床に台ばかりを置いて質量5 kgの人形をのせる．エレベーターが静止しているとき，目盛りは49 Nを示している．エレベーターが上向きに1.2 m/s²の加速度で動いているとき，はかりの針は何Nを示すか．

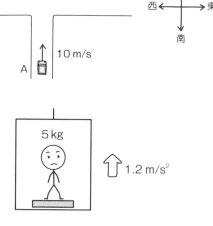

5 kg

1.2 m/s²

第7章

気体分子の運動と熱エネルギー

第7章では生命現象にも重要な熱力学について学びます.

私たちは毎日熱を利用して,調理をしたりお風呂に入ったりしています.熱「力学」という分野の名が示すように,気体分子の力学を知ることで,熱を理解することができます.また熱を使って気体に仕事をさせるときの方法について考えます.

● キーワード
熱運動,熱量保存の法則,ボイル・シャルルの法則,状態方程式,内部エネルギー,
熱力学第一法則

1　熱の基本的な性質

原子や分子の小さな運動

原子や分子は常に激しくさまざまな方向へ飛びまわって運動をしています.この運動を**熱運動**といいます.固体である氷の水分子も,その場にとどまっているように見えますが,その分子や原子は熱運動をしています.

日常生活で目にする水は液体の状態です.その水を冷凍庫などで冷やせば氷のような固体となります.またヤカンに入れて熱すれば,水蒸気のような気体になります.たとえ鉄でも温度を高くすると液体になるなど,ほとんどの物質は,固体・液体・気体の3つの状態をとります*.

3つの状態と熱運動を見てみると,固体の状態では分子間の距離が小さく,その位置でわずかに振動をしています.液体の状態では,分子間の距離は固体よりも大きく,熱運動も活発になり,分子は移動をしています.気体の状態では,分子間の距離が液体よりも大きくなり,分子は空間を大きな速度で移動しています(**図7-1**).

氷　　水　　水蒸気

図7-1　固体,液体,気体

また氷に一定量の熱を与えながら温度を計測していくと,氷から水に,水から水蒸気へと状態を変化させながら,次の**図7-2**のような温度変化をたどります.

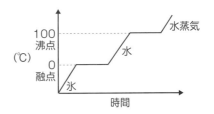

図7-2　温度変化にともなう水の状態変化

水以外の物質でも同じようなグラフが得られます.固体から液体になるとき,液体から気体になるとき,熱を加え続けているのにも関わらず,温度の変化は止まります.固体から液体になるときの温度を**融点**といいます.水の場合,融点は0℃です.融点の間に与えられた熱は,固体から液体への状態変化をするために使われています.このときに必要な熱を**融解熱**といいます.

＊ドライアイスの二酸化炭素やヨウ素など,一部の物質は固体から気体,気体から固体に変わるもの(昇華)もあります.

51

同じように液体から気体になる場所でも温度の変化は止まります。この温度を**沸点**といい、水の場合は100℃です。沸点の間に与えられた熱量は、液体から気体への状態変化に使われており、このときに必要な熱を**蒸発熱**（または**気化熱**）といいます。融解熱や蒸発熱など状態変化に使われている熱を**潜熱**といいます。

温度と熱の違いとは

物質の温かさや冷たさを示す量が温度です。温度が高いほど、熱運動も激しくなります。私たちが日常使っている温度はセルシウス温度で、単位は℃を使います。**セルシウス温度は、水の融点と沸点を基準として定義されています**。氷が溶けて水になる融点を0℃、水蒸気になる沸点を100℃として、その間を100等分して1℃は決められています。

また物質を冷やしていくと温度は下がっていきます。温度の最低値は−273℃であり、これ以上物質の温度は下がりません。−273℃では、すべての分子や原子の熱運動が止まっている状態です（**図7-3**）。

この熱運動を基準として決めた温度を**絶対温度**といいます。絶対温度の単位はK（ケルビン）で、分子や原子が静止する−273℃（正確には−273.15℃）を0Kとしています。目盛りの幅はセルシウス温度に合わせているので、絶対温度Tとセルシウス温度tの間には次の関係式が成り立ちます。

公式

$$T = t + 273$$

ピタッ

$$T = 0\,K$$
$$t = -273\,℃$$

$$T = 273\,K$$
$$t = 0\,℃$$

図7-3　絶対温度とセルシウス温度の関係

物質を温めると、物質の熱運動は激しくなり、エネルギーが増えます。このとき物質が得たエネルギーのことを**熱**といいます。またこの熱の量を**熱量**といいます。熱はエネルギーなので、単位にはJ（ジュール）を使います。

医療の現場では高温・高圧の「圧力がま」のような機器で道具を滅菌することがよくあります。水蒸気の臨床応用について知りたい方はコラムp.58のワンポイント物理講座「滅菌装置『オートクレーブ』の原理」に進んでください。

熱容量と比熱

物質1gの温度を1K上昇させるのに必要な熱量を、その物体の**比熱**といい、cで表します。比熱cを使うと、物質に与えた熱量Qとその温度変化ΔTは、次式で定義されます。

公式

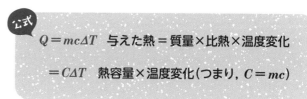

$$Q = mc\Delta T \quad \text{与えた熱} = \text{質量} \times \text{比熱} \times \text{温度変化}$$

$$= C\Delta T \quad \text{熱容量} \times \text{温度変化（つまり、}C = mc\text{）}$$

ここでmcを**熱容量**Cといいます。熱容量は、ある物質の温度を1K上昇させるのに必要な熱量のことを示します。

熱量保存の法則 ─与えた熱と受け取った熱の量は一致する

温度の違う2つの物体を接触させておくと、暖かいほうから冷たいほうへと、熱が移動をはじめます。そして2つの温度が等しくなるところで、熱の移動は止まります。この温度が等しくなった状態を**熱平衡**といいます（**図7-4**）。

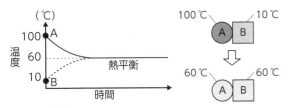

図7-4　熱平衡

このとき高温の物体Aが失った熱量と，低温の物体B
が得た熱量は等しくなります．これを**熱量保存の法則**と
いいます．

Aが失った熱量 ΔQ ＝ Bが得た熱量 ΔQ

熱膨張

物質はその温度が上がると，体積が大きくなります．
これを**熱膨張**といいます．電車に乗っていると「ガタン
ゴトン」と音が聞こえます．これはレールとレールの間
にはわずかな隙間がもうけられているためです．夏に暖
められたレールが熱膨張をしたときに，隣のレールとぶ
つかって変形をしないための工夫です．

2 気体が周囲におよぼす力

気体の法則 ―気体は膨らむ

次に気体と熱運動について見ていきましょう．たとえ
ば風船に入った空気を考えると，分子は熱運動により，
風船のなかを動き回っており，風船の内側の面に衝突し
ています．一つひとつの力は小さいですが，あまりにも
多くの空気分子が衝突するため，その力は大きな力にな
ります．これが風船のなかの圧力（内圧）の原因です．
また多くの分子がさまざまな方向にバラバラに運動をし
て，それらが内面に衝突しているため，圧力はすべての
面で一様です．風船のなかにさらに空気を入れると，風
船のなかの内圧は上がります．そして風船の外の空気の
圧力（外圧）とつり合うような大きさに風船は膨らみま
す（図7-5）．

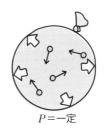

図7-5　風船の内圧

次にボイルとシャルルが発見した気体の法則について
紹介しましょう．ロバート・ボイル Robert Boyleは一
定量の閉じ込めた気体について，温度を一定に保って，
その圧力と体積の関係を調べました．すると，次の
図7-6のように，圧力が小さいとき，体積は大きくな
り，圧力を大きくすると，体積は小さくなることがわか
りました．この関係は次式で表されます．

公式

$PV = $ 一定　　圧力 × 体積 ＝ 一定

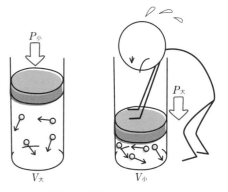

図7-6　圧力と体積の関係

またジャック・シャルル Jacques Charlesは閉じ込め
た一定量の気体について，圧力を一定に保ちながら，そ
の温度と体積の関係を調べました．すると，図7-6の
ように温度が小さいとき，体積は小さくなり，また熱を
加えて温度を高くすると，体積も大きくなることがわか
りました．この関係は次の式で表されます．

$$\frac{V}{T} = 一定 \quad 体積 \div 温度 = 一定$$

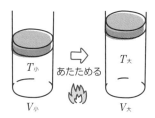

図7-7　温度と体積の関係

　ボイルとシャルルの発見した法則をまとめると，「気体の圧力は体積に反比例し，絶対温度Tに比例する」ということが導かれます．これを**ボイル・シャルルの法則**といい，次式で表します．

$$\frac{PV}{T} = 一定 \quad \frac{圧力 \times 体積}{温度} = 一定$$

　たとえばある圧力P，体積V，絶対温度Tの気体に，熱を加えて，圧力P'，体積V'，絶対温度T'と変化した場合，次のような等式を作ることができます．

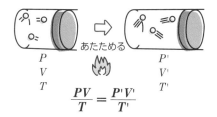

$$\frac{PV}{T} = \frac{P'V'}{T'}$$

図7-8　圧力と温度と体積の関係

気体のようすを数式で表す

　気体分子には大きさがあり，また分子どうしも力を及ぼし合っています．そのため極端に低温や高圧のときには，ボイル・シャルルの法則に従いません．そこで理想気体について考えます．理想気体とは気体分子自身の大きさや分子間で働く力を0として考えた，仮想的な気体

のことをいいます．この気体ではどんな条件でも，常にボイル・シャルルの法則が成り立ちます．実際の気体でも，日常生活にある気体は理想気体に近い振る舞いをします．

　原子や分子を扱う場合，その数が極端に多いので，6.02×10^{23}個を1つのまとまりとして，1 mol（モル）と数えます．この6.02×10^{23}を**アボガドロ定数**といい，molを1単位として表した物質の量を**物質量**といいます．273 K（0 ℃），1.013×10^5 Pa（1気圧）を**標準状態**といいます．どんな気体でも，標準状態にして1 molの体積を計ると，2.24×10^{-2} m^3（22.4 L）になります．

　ここで重要となるのがボイル・シャルルの法則です．$PV/T =$ 一定は$PV/T = nR$とすることができます．nはモル数を表わし，定数Rを**気体定数**といいます．気体定数は医学・生物学でも非常に重要です．$R = 8.31$という値を丸暗記したと思いますが，実際に計算してみたい人はp.57のSTEP UP「気体定数」に進んでください．計算方法さえマスターすれば，今後暗記する必要がなくなります．また，ボイル・シャルルの法則の御利益（有用性）を実感したい人はp.55のワンポイント物理講座「酸素ボンベ」を読んでみてください．

気体の内部エネルギー

　物質はその場にとどまっていても，その内部には，その物質を構成している分子や原子の熱運動による運動エネルギーや，分子間（原子間）の静電気力による位置エネルギーをもっています．これらのエネルギーの総和を**内部エネルギー**といいます．ある物質が外部からエネルギーをもらうと，内部エネルギーは増えます．内部エネルギーが増加すると，その物質の温度は上昇します．

熱エネルギーの力！　熱力学第一法則

　次の図7-9のように，ピストンに閉じ込められた気体に，ある熱量Qを与えてみましょう．温度が上昇し，気体の内部エネルギーは増えます．また温度が上昇すれば，熱運動も激しくなるので，気体の圧力は大きくなり

ます．よって気体はピストンを押し，仕事をします．

このように，気体に与えた熱エネルギーは内部エネルギーの変化と，気体がした仕事に分配されます．これを**熱力学第一法則**といい，次式で示されます．

公式
$$Q = \Delta U + W$$
気体に与えた熱エネルギー

= **内部エネルギーの変化** + **気体がした仕事**

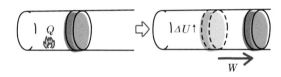

図7-9 **熱エネルギーによる仕事**

熱力学第一法則の別の書き方

熱力学第一法則は，気体の内部エネルギーの変化に注目して次のように書かれることもあります．

公式
$$\Delta U = Q + W'$$
内部エネルギーの変化

= **気体に与えた熱量** + **気体がされた仕事**

どちらの式も同じ意味です．WとW'で混乱することがあるので気をつけましょう．

《応用編》 ワンポイント物理講座

酸素ボンベ

　医療用酸素ボンベのお話です．未使用の酸素ボンベのなかには 15 MPa，つまり 150 気圧の酸素が詰め込まれています．この高圧酸素を 1 気圧の環境中（大気中）に放出したときの体積を**酸素ボンベの容積**（容量）といいます．

　では，容量 500 L の酸素ボンベ自体の大きさを推定してみましょう．この 500 L がボンベ自体の大きさを意味しているわけではありませんので，くれぐれも注意してください．

　まずはどんな基礎知識が必要でしょうか．ここで高校時代に学んだ**ボイルの法則**の登場です．つまり，同じ温度では気体の体積と気体にかかる圧力の積は一定ということ．

　式にすれば，以下のようになります．

求める体積 × 150 気圧 = 500 L × 1 気圧
∴ 求める体積 = 500 L ÷ 150
≒ 3.3 L

　これくらい小さくないと救急車には持ち込めませんね．

図 **容量 500 L の酸素ボンベ**

一方通行！　熱力学第二法則

振り子の運動は，高い場所から徐々に速度をつけて最下点まで速度は上がり続け，その後少しずつ上昇しながら速度を落とし，反対側の同じ高さで止まります．このときエネルギーは位置エネルギーから運動エネルギーへと変化し，運動エネルギーから位置エネルギーに変化するなど，双方向に変化をします．このような変化を可逆変化といいます．これに対して，エネルギーの変化が一方向にしか進まない変化のことを不可逆変化といいます．たとえば，摩擦のあるザラザラした面で物体を滑らせたとき，物体のもつ運動エネルギーは，摩擦力による熱エネルギーに変わり，やがて止まってしまいます．

運動エネルギー　→　摩擦熱　○

対して，図7-10のように物体が床から熱を勝手に吸収し，突然動き出すことは，エネルギーが保存していても，日常ではありえません．

摩擦熱　→　運動エネルギー　×

② 運動エネルギーになって移動

ありえない！

ピュー

① 摩擦熱を吸収

図7-10　摩擦熱を吸収して動きだす物体

熱に関係した現象はすべてが不可逆変化であり，一方向に変化していきます．そしてすべてのエネルギーは最終的には熱エネルギーとなりその場から拡散していきます．これを**熱力学第二法則**といいます．

STEP UP　圧力鍋のお話

料理では圧力鍋を使うと早く調理ができたり，味が美味しくなったりすることがあります．なぜ圧力と料理が関係するのでしょうか．そのポイントの1つが水の状態図にあります．

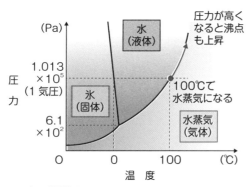

図　水の状態図

縦軸が圧力を，横軸が温度を示しています．私たちが生活する1気圧のところを横に見ていくと0℃で固体と気体の境目があることがわかります．同様に100℃のところで液体と気体の境目があります．それぞれ融点，沸点といいましたね．しかし，圧力が1気圧では無いところでは，融点や沸点が0℃や100℃ではないことがこの図では示されています．

たとえば料理で圧力鍋を使うと，水蒸気が外に逃げにくい構造になっており，圧力が1気圧よりも高くなります．すると，110℃など100℃を超えても水は沸騰しません．そのため100℃よりも高い温度で調理できます．その結果，味が染み込んだり，調理を早く終えたりすることができます．

この原理は医療にも応用されています．詳しくはp.58のワンポイント物理講座「滅菌装置『オートクレーブ』の原理」を参照して下さい．

 気体定数

●まずはおさらい

ボイルの法則が定温状態での気体の圧力と体積の関係を表すのに対して，定圧状態での気体の温度と体積の関係を表すのがシャルルの法則です．公式は，$\dfrac{V}{T} = K$（一定），でしたね．

ここで，V は気体の体積，T は絶対温度．この法則に従えば気体の絶対温度を 3 倍にすると，その体積を 3 倍にすることができます．

ボイルの法則とシャルルの法則は 1 つの式にまとめることができます．

$$\frac{PV}{T} = R \text{（Rは定数）}$$

では，標準状態（0 ℃，1 気圧）の気体 1 モルについて，ボイル・シャルルの法則における定数 R を計算してみましょう．

●定数 R を求める

標準状態では，$P = 1$ 気圧 $= 1\,\text{atm} = 1.013 \times 10^5\,\text{Pa}$，$V = 22.4\,\text{L} = 2.24 \times 10^{-2}\,\text{m}^3$，$T = 273\,\text{K}$，なので，これらの値を等式に代入すると，以下のようになります．

$$R = \frac{PV}{T}$$
$$= \frac{1.013 \times 10^5 \times 2.24 \times 10^{-2}}{273}$$
$$= \frac{2.269 \times 10^3}{273}$$
$$= 0.008311 \times 10^3$$
$$= 8.31$$

単位の組み立ては以下の通り．

$$\frac{\text{Pa} \times \text{m}^3}{\text{mol} \cdot \text{K}} = \frac{\text{N}}{\text{m}^2} \times \frac{\text{m}^3}{\text{mol} \cdot \text{K}} \ (\text{Pa} = \text{N/m}^2 \text{を利用})$$
$$= \frac{\text{N} \cdot \text{m}}{\text{mol} \cdot \text{K}}$$
$$= \frac{\text{J}}{\text{mol} \cdot \text{K}} \ (\text{N} \cdot \text{m} = \text{J を利用})$$

したがって，$R = 8.31\,\text{J/mol} \cdot \text{K}$ が正解です．

この定数Rを気体定数といいます．気体定数を用いるとボイル・シャルルの法則は次のように表現できます．

$$\frac{PV}{T} = R \text{（定数）}$$

一般に，気体が n モルの場合は，気体の量が n 倍になるので，

$$\frac{PV}{T} = nR \text{（定数）}$$

となり，さらに変形して，

$$PV = nRT \text{（定数）}$$

としたものを理想気体の状態方程式といいます．

表は異なる単位で表した気体定数の一覧です．ポイントは単位が変わると数値も変わるということです．

また，気体定数をアボガドロ定数で割ったものをボルツマン定数といいます．

$$k \times N = R$$

ボルツマン定数 × アボガドロ定数 = 気体定数

表　異なる単位で表した気体定数

組み立て単位	数値
J/K·mol	8.31
cal/K·mol	1.99
cm³·atm/K·mol	82.1
L·atm/K·mol	0.082

滅菌装置「オートクレーブ」の原理

オートクレーブとは

オートクレーブとは滅菌装置のことです。日本語訳が加圧蒸気滅菌装置ということからもわかるように，高温高圧の飽和水蒸気を利用して医療器具（ピンセット，ハサミなど）を滅菌します。図1の写真は汎用の中型機。ちなみに，2台のうち1台は扉を開放し，滅菌室（容量約14 L）をオープン状態にしています。

原　理

加圧蒸気滅菌の基本原理を説明します。p.56「圧力鍋のお話」でも示したように，水は100℃でも沸騰しないように出来ます。

図2を見てください。縦軸には飽和水蒸気圧（単位は気圧）の目盛りが刻まれていますが，まず2気圧に注目します。2気圧の飽和水蒸気の温度は何度でしょうか？ 答えはほぼ120℃．では，3気圧では？ 答えは約133℃ですね。このように，加圧することで水の沸点を100℃以上にする，つまり滅菌効果をアップさせることが可能になるのです。一般的な医療機関では，通常，2～3気圧，120～130℃で20～30分間加圧滅菌します。

余談ですが，0.7気圧（富士山の頂上付近の感覚です）ではいかがでしょうか。水は90℃前後で沸騰してしまいます。よって高い山に登ったときに圧力鍋を使わずにお米をたくと生煮えのご飯ができてしまいます。

図1　オートクレーブ

（写真は株式会社東邦製作所製のもの）

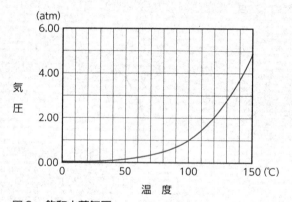

図2　飽和水蒸気圧

STEP UP 潜熱と注射や台風

注射を打つとき，殺菌のため腕にアルコールを塗ります．アルコールを塗ってしばらくすると，スーッと温度が下がっていきます．液体で塗られたアルコールは，常温では気体になりやすい性質があります．そのため，腕に塗られたアルコールはやがて蒸発して気体になります．水は液体から気体になるときに潜熱を必要とします．アルコールも同じで，液体から気体に変化するときに腕から熱を奪っていきます．そのため，腕は冷た

く感じます．これとは逆の現象もあります．気体から液体に戻るときには，熱が解放されて周囲を温めます．たとえば台風の中心には強い上昇気流があります．この上昇気流によって水蒸気が上空に運ばれて冷やされると，液体（水）に変化し，熱を外部へ放出します．このため台風の中心はまわりよりも温度が高くなっています．

≪応用編≫ ワンポイント物理講座

ハイアルチ

ハイアルチとは高地トレーニングに対して使われている流行語です．言葉の由来はハイアルチテュード（high altitude）で，高地や高地状態の意味．低酸素状態の高地にいるだけで体に負荷がかかるため，高地トレーニングは，きつい運動をせずとも高い効果を得ることができ，その効果は30分歩くだけで，通常の2時間分の運動に匹敵するといわれています．もちろん，高い山に登ると高山病（おもな症状は息苦しさ，頭痛，倦怠感，吐き気）にかかりやすいので良いことばかりでないことは確か．ハイアルチを「まるわかり！」するための基礎知識は以下の4つです．

表　高度と気圧の関係

高度 (m)	気圧 (hPa)	酸素分圧
0	1013	空気の20%
300	978	
1000	900	
1600	835	
2000	795	
3000	700	
8400	300	

① 海抜0mでは1気圧760 mmHg，肺動脈と肺静脈の酸素分圧は，それぞれ100 mmHgと40 mmHg

② 空気が薄くなると酸素も薄くなる（つまり酸素濃度約20%は不変）

③ 高地では肺呼吸が苦しくなる（海抜8,000 mでは肺動脈の酸素分圧が約20 mmHgまで低下）

④ 低酸素刺激によりエリスロポエチンの分泌が促進され，造血能がアップ（赤血球数が増加）

ちなみに，2019年ノーベル賞（医学生理学賞）はこの「細胞の低酸素応答」の仕組みを解明したウィリアム・ケーリン，グレッグ・セメンザ，ピーター・ラトグリフの3氏に与えられました．

サーモグラフィーと仕事と熱と温度

サーモグラフィーとは，目に見えない温度を可視化する装置，またはその画像のことを指します．次の写真は人のサーモグラフィー画像です（図1）．

図1　人のサーモグラフィー画像

服から露出した部分の温度が高いことがわかります．サーモグラフィー装置を使うと，その物体に触れることなく温度を知ることができるため，新型コロナウイルスなどでは空港に設置をして，発熱のある人を探すのに活用されました．また次の写真は消しゴムで机の上をこすったときの写真です（図2）．これをサーモグラフィー画像で見てみると図3のように見えます．

図2　机を消しゴムでこする

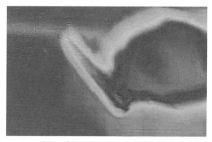

図3　消しゴムでこすった所の熱の様子

消しゴムでこすった場所の温度が高くなっているのが確認できます．このような画像（熱画像）はどのようにして得ることができるのでしょうか．

電球が光るように，すべての物体は赤外線を外部へ出しています．この赤外線は電磁波の1種で，可視光線よりも波長が長いものです．可視光線はその名前のとおり，目が感知することができる範囲の電磁波で，範囲外の波長の電磁波は，目で見ることができません（赤外線はその名の通り，赤の波長の外側の波長にある電磁波なので，目には見えず，赤外線という名前がついています）．赤外線は可視光線と同様に空間を伝わることができるという特徴があります．すべての物体は赤外線を出していますが，温度の高い物体ほど外部へ放出する赤外線のエネルギーは大きくなります（絶対温度の4乗に比例）．

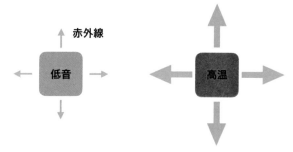

図4　温度と赤外線のエネルギーのイメージ図

参考　ステファン−ボルツマンの公式
$$I = \sigma T^4$$
I：放出されるエネルギー（W/cm^2）
σ：ステファン・ボルツマン定数 5.7×10-12（W/cm^{2}K^4）
T：物体の温度（K）

温度が高いほど放出している赤外線のエネルギーが大きくなるので，物体から空間へと放出される赤外線のエネルギーを捉えることができれば，発している物体の温度もわかります．サーモグラフィー装置では，この赤外線のエネルギーをレンズに通して，検出することができる素子に集めます．これをデジタル処理することで，サーモグラフィーの画像（熱画像）は作られています．デジタルカメラは可視光線，サーモグラフィー装置は赤外線に反応するように作られているという点で，基本的には同じような仕組みであるといえます．

第7章 章末問題

① 次の空欄 (A)～(C) に入る言葉を書きなさい.

　固体から液体になるときの温度のことを（　A　）といい，この状態変化に必要な熱を（　B　）という. また状態変化に使われる熱を（　C　）という.

② ある200 gの金属に400 Jの熱を加えたところ，温度が30 ℃から38 ℃に変化した. この金属の比熱を求め，もっとも適当な金属の種類を次の表の中から1つ選びなさい.

金属	鉛	銀	銅	鉄
比熱[J/(g·K)]	0.13	0.24	0.38	0.45

③ 45 ℃の水450 gの中に，100 ℃に温めた鉄420 gを入れた. しばらくすると，全体の温度は何 ℃になるか答えなさい. ただし水の比熱を4.2 J/(g·K)，鉄の比熱を0.45 J/(g·K)とし，水を入れた容器や空気中には熱量は移動しないものとする.

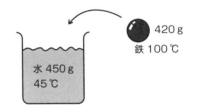

420 g
鉄 100 ℃

水 450 g
45 ℃

④ 次のようなピストンのついた体積を変えることができる容器に,ある気体を注入してピストンの上におもりを乗せた.気体の体積は$2.0×10^{-2}$ m³,圧力は$2.0×10^5$ Pa，温度は27 ℃である. 以下の各問に答えなさい.

（1）この気体の絶対温度を求めなさい.
（2）温度はそのまま変化させずにピストンの上のおもりをとったところ，気体の圧力は$1.5×10^5$ Paになった. このときの気体の体積を求めなさい.
（3）おもりをはじめの状態に戻し，圧力は変えずに中の温度を77 ℃にした. このときの気体の体積を求めなさい.

体積 $2.0×10^{-2}$ m³
温度 27 ℃
圧力 $2.0×10^5$ Pa

⑤ 次のようなピストンと電熱線のついた容器に気体を入れ，100 Jの熱を加えた. 次の各問に答えなさい.

（1）ピストンを固定していたとき，気体の内部エネルギーの増加量 $ΔU$ を求めなさい.
（2）はじめの状態に戻して，ピストンの固定をはずして自由に動ける状態にした. この容器に同じ100 Jの熱を加えると，ピストンは動いた. このとき気体の内部エネルギーの増加量は，（1）の場合と比べて大きくなるか，小さくなるか.

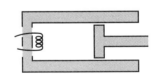

波の性質とその表し方

8〜9章では「波動」について学んでいきます．波は力学で学んだ粒子とは違う，特有の性質をもっています．また光や音など，身の回りのさまざまな現象は波の性質によって説明することができます．本章では，まず波全般の性質について学び，現象としての波を学習していきます．

キーワード 振幅，波長，振動数，位相，横波・縦波，回折，反射，屈折，定常波，干渉

1 波の表し方と2種類の波

波を作っている物の動きを見よう

池に石を投げ込むと，水面には円形の波ができ，広がっていきます（図8-1）．

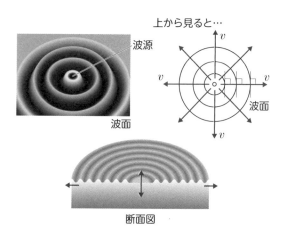

図8-1 波の様子

波を起こしている場所を**波源**，盛り上がった部分を重ね合わせた線を**波面**といいます．またこのときの水のように，波を伝えるものを**媒質**といいます．波の進む方向と波面は必ず垂直に交わります．このように球面に広がる波を**素元波**といいます．

次に波の形（波形）の動きと媒質の動きについて見て

みましょう．図8-2のようにシーツの端を持ち，上下に1回振り，波を起こします．シーツには山の形をした波形ができ，その波形がシーツのもう一方の端まで移動していきます．

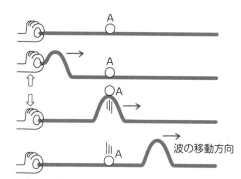

図8-2 波の移動

図8-2のA点は，シーツのある場所につけたクリップの動き，つまり媒質の動きを示しています．媒質であるクリップは波形と一緒に右に動いてはいません．クリップは波がくると上から下へと，その場で上下に振動するだけです．

今回作った1つの波，これを**パルス波**といいます．手を一定の間隔で上下に振動させ続けると，図8-3のように連続的な波を作ることができます．

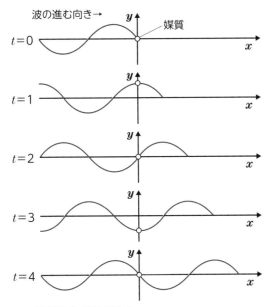

波の進む向き→

図8-3 連続波と媒質の動き

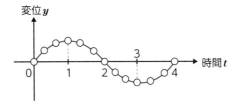

図8-4 時間の経過と媒質の変位（**y-t グラフ**）

これを**連続波**といいます．連続波を作った場合でも，媒質は上下に振動を繰り返すだけで，波形と一緒に右に移動をしていきません．波は波源の振動が，ある媒質から隣の媒質へと，次々に伝わっていく現象です．

波を表す2つのグラフと波の式

ある時間の波形を示したグラフを**y-x グラフ**といいます．図8-3の時間 $t=0$ から4へと順に見ていくと，波形が少しずつ右側へと移動しているのがわかります．ここで媒質のつり合いの位置（$y=0$）からのずれを，**変位**といいます．

原点にある媒質の変位の時間変化を追って見ましょう．$t=0$ のとき，媒質の変位は0です．波の通過とともに，$t=1$ で上に上がり，$t=2$ で下に降りてきて，また高さが0になりました．$t=3$ でさらに下降し，谷の底までいくとまた上りはじめ，$t=4$ になると媒質はまた原点に戻ってきました．$t=4$ のとき，波全体を見ると，1つの波（山と谷のセット）が通過しているのがわかります．この原点にある媒質の時間変化を表すため，縦軸に変位，横軸に時間をとり，時間と変位をプロットすると，図8-4のようなグラフができます．

このグラフは，ある場所の媒質の動きを示したグラフであり，**y-t グラフ**といいます．

$y-x$ グラフと $y-t$ グラフから，波を示すために必要な物理量について見ていきましょう．はじめに $y-x$ グラフです（図8-5）．

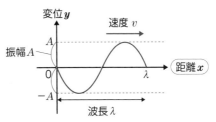

図8-5 **$t=4$ の $y-x$ グラフ**

$y-x$ グラフはある時刻の波形を示します．波は山と谷の繰り返して，山＋谷の1セットの長さを**1波長**といい λ で表します．また，波の山や谷の平均値からの高さを**振幅**といい A で表します．波形が進む速さは v で表します．

次に $y-t$ グラフです．$y-t$ グラフは，「ある場所の媒質の運動」を示します（図8-6）．

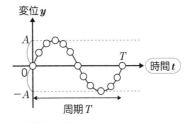

図8-6 原点の媒質の時間変化

図は原点にある媒質の $y-t$ グラフです．媒質が上下に1回振動するときの時間，つまり1つの波が原点を通るのにかかる時間を**周期**といい，T で表します．単位はs（秒）を使います．

グラフには現れない大切な物理量に振動数があります。振動数とは、1秒間に媒質が何回振動するのか、または1秒間に何個の波がその場所を通るのかを示します。振動数はfで表され、単位はHz（ヘルツ）を使います。たとえば、図8-7のように1秒間で2個の波が原点を通りすぎると、原点にある媒質は上下に2回振動します。

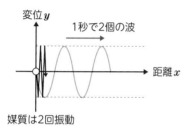

図8-7　振動数が2Hzのときの媒質と波の動き

このとき1秒間で2回振動したので、振動数fは2Hzとなります。振動数fと周期Tの関係について見ていきましょう。周期とは、1つの波がある場所を通るのにかかる時間、または媒質が上下に1回振動するときの時間です。図8-7の場合、1つの波は0.5秒かけて通っているため、周期は0.5sとなります。振動数と周期の間には、次のような関係式が成り立ちます。

公式

$$f = \frac{1}{T} \quad \text{または} \quad T = \frac{1}{f}$$

$$\text{振動数} = \frac{1}{\text{周期}} \qquad \text{周期} = \frac{1}{\text{振動数}}$$

次に図8-8のように、振動数3Hzの波が原点を通った場合を考えます。

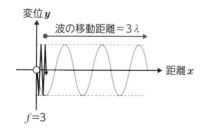

図8-8　振動数が3Hzのときの媒質と波の動き

$f = 3$なので、1秒間に原点の媒質は3回振動します。これは1秒間に原点を「3つ」の波が通ったということを示しています。1つの波の長さはλなので、原点を通過した波の長さは、$3\lambda[\mathrm{m}]$であることがわかります。

1秒間に移動する距離のことを速度というので、この波の速度vは$3\lambda[\mathrm{m/s}]$です。3λの3は振動数fを示していたので、速度は次のように書くことができます。

公式

$$v = f\lambda \quad \text{速度} = \text{振動数} \times \text{波長}$$

この式は波動分野でもっとも基本となる大切な公式です。これまでたくさんの物理量が出てきました。波で覚えておくべき記号と、その記号が示すものをまとめておきます。慣れるまでは、図8-9を見ながら読み進めていきましょう。

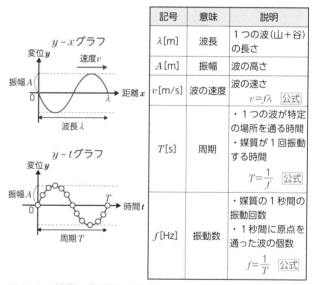

記号	意味	説明
$\lambda[\mathrm{m}]$	波長	1つの波（山＋谷）の長さ
$A[\mathrm{m}]$	振幅	波の高さ
$v[\mathrm{m/s}]$	波の速度	波の速さ $v = f\lambda$ 公式
$T[\mathrm{s}]$	周期	・1つの波が特定の場所を通る時間 ・媒質が1回振動する時間 $T = \frac{1}{f}$ 公式
$f[\mathrm{Hz}]$	振動数	・媒質の1秒間の振動回数 ・1秒間に原点を通った波の個数 $f = \frac{1}{T}$ 公式

図8-9　波動の物理量と公式

媒質の状態を位相で確認

媒質がどのような振動状態にあるのかを示す量を位相といいます。たとえば図8-10のようにx軸を正の向きに進む波があるとき、Aと振動状態が等しいのはEです。

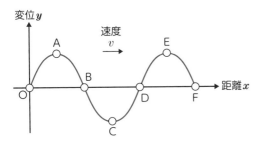

図8-10　媒質と位相

　AとEのように振動状態の等しい点を**同位相**といいます．またAとCは振動状態が逆の状態です．これを**逆位相**といいます．それではBと同位相，逆位相なのはわかりますか．変異が0である○，B，D，Fのどれかだということまではわかります．

　このような場合，Bが次にどちらに振動するのかを調べてみましょう．波形を少し波の移動方向にずらします（図8-11）．

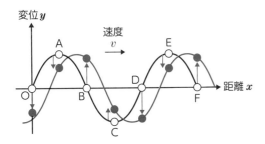

図8-11　同位相と逆位相の調べかた

　すると，Bはその後上に移動することがわかります．はじめ，変位0から上に動いたBと同位相の媒質はF，下に動くBと逆位相の媒質は○とDだとわかります．

縦波と横波

　今まで見てきた波は**横波**という波です．次に**縦波**について見ていきます．縦波の様子を，ばねを使って再現してみましょう．

　図8-12のように，ばねをギュッと勢いよく前に押して，すぐに引いて元の位置に戻します．すると，圧縮さ

れた密度の高い部分が次々に伝わっていきます．

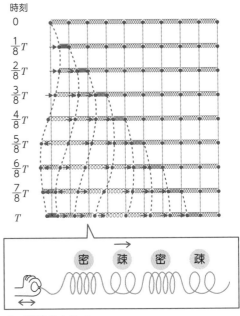

図8-12　縦波のようす

　時間の経過とともに，密度の高い部分「**密**」と，密度の低い部分「**疎**」が伝わっていくのがわかります．

　このとき，それぞれの媒質は左右に振動しています．縦波も横波と同じように，媒質自身が疎や密の部分といっしょに右に動いていくわけではないことに注意をしましょう．

　縦波は横波を使って表現することができます．縦波の媒質は，左右に振動をしています．ある瞬間，媒質の移動方向である右側の変位をy軸正で，また左側の変位をy軸負で表現すると，次の図8-13のようになります．

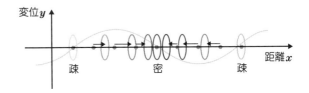

図8-13　縦波を横波で表したグラフ

この図8-13のボールは，それぞれの媒質が振動している中心を表しています．このように，縦波も横波のように表現することができます．

2 波ならではの現象

さまざまな波の性質

波を表すために必要な記号や，縦波と横波という２種類の波について学びました．次に波特有の性質について見ていきましょう．波は粒子では考えられない不思議な性質をもっています．波の性質を理解することにより，音や光の不思議な現象がわかるようになります．

回　折

図8-14のように，堤防に小さな隙間が空いているところに波がやってきました．隙間を通過した波は，一直線に進むわけではなく（図8-14a），その隙間を中心として円形に広がって行きます（図8-14b）．

この現象を**回折**（かいせつ）といいます．

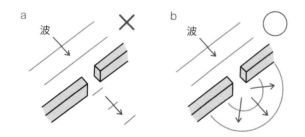

図8-14　堤防の隙間を通る波の回折

反　射

物体を壁に向かって投げたとします．物体は壁にぶつかると，音をたてて，壁の側に落ちます．では波を壁にぶつけるとどうなるのでしょうか．お風呂で波を起こして，お風呂の壁にぶつけてみましょう．

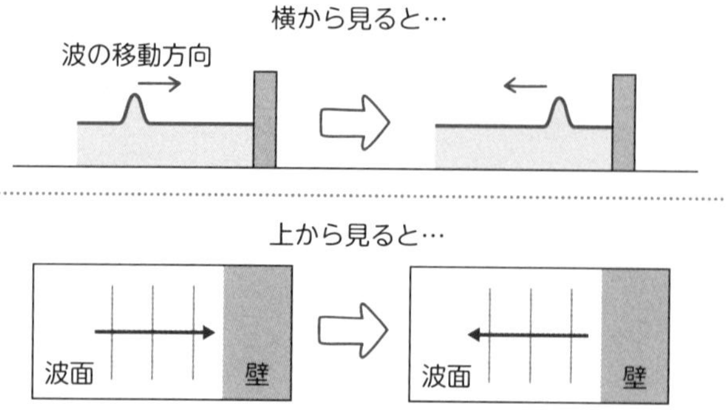

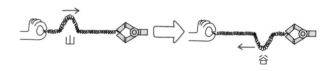

図8-15　壁に当たってはね返る波のようす

波は壁にぶつかると，同じスピードで戻ってきます．これを**反射**といいます．波は粒子のように，壁にぶつかっても，壊れたり，消えて無くなったりしません．また壁にぶつかる前の波を**入射波**（にゅうしゃは），反射された波を**反射波**（はんしゃは）といいます．反射には，２種類の反射があります．お風呂の例のように，位相が変化しない反射を**自由端反射**（じゆうたんはんしゃ）といいます．

また，ばねを用意して，片方の端を手で持ち，もう片方の端を固定して，同じように山と谷の波を起こしてみましょう（図8-16）．

図8-16　起こした山がひっくり返って戻ってくるようす

すると「山」で送った波は，ひっくり返って「谷」で戻ってきます．このように位相が反転する反射のことを**固定端反射**（こていたんはんしゃ）といいます．

波を壁に対して斜めにぶつけると，どのように波は反射されるのでしょうか．図8-17のように，左上からある角度で入ってきた波は，左下へと反射されます．

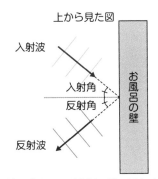

図8-17　波を壁に向かって斜めにぶつけたとき

入射波の進行方向と，反射面である壁から垂直に伸ばした線からの角度を**入射角**，反射波の進行方向と壁から垂直に伸ばした線との角度を**反射角**といいます．斜めの反射の場合，入射角と反射角は等しくなります．

公式

反射の法則　入射角＝反射角

屈　折

岸に近づくと，水深は浅くなります．波の速度は，水深が浅いほど遅くなるという性質があり岸に近づけば近づくほど，波の速度は遅くなっていきます．深い場所から浅い場所に波が斜めから入射すると，波は境界面で曲がります（図8-18）．

図8-18　波が浅瀬に上がるとき

このように波が進んでいる途中で，波の速度が変化すると，波は曲がります．この現象を**屈折**といいます．屈折の法則については，光波で紹介します．

重ね合わせの原理

2つの同じ石を，お互い投げ合って空中で衝突させてみましょう．石は空中でぶつかると音をたてて，その場

に落ちます．

同じように2つの波をぶつけるとどうなるのでしょうか．同時に「山」を作って，ぶつけると次のような反応が起こります（図8-19a）．

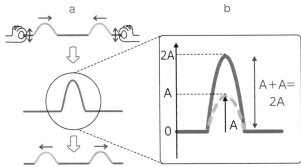

図8-19　向かい合う波の山同士がぶつかったとき

左からきた山と右からきた山は，重なった瞬間変位が2倍になります．そして，その後お互い何事もなかったかのように，左側からきた山は右側に，右側からきた山は左側にすり抜けていきます．

この現象は波の変位の足し算によって理解することができます．波を作っている媒質は横波の場合上下に振動しています．振幅が同じA［m］の山と山がぶつかった場合，図8-19bのように左からやってきた波の，上に振動している媒質が，右からやってきた波の山によって，さらに上に持ち上げられ，媒質は2倍の高さになります（$A+A=2A$）．

次に片方から「山」，もう片方から「谷」を作ってぶつけてみましょう（図8-20a）．

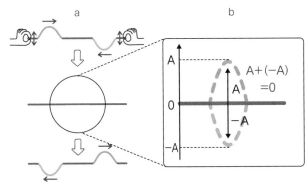

図8-20　向かい合う波の山と谷がぶつかったとき

2つの波はぶつかった瞬間，消えてしまいました．し
かし，消えたと思ったら，何事もなかったかのように，
山は右側に，谷は左側に通り抜けていきます．

「山」と「谷」がぶつかった場合には，上に振動して
いる媒質が，左からやってきた「谷」によって下の方向
に引っ張られるので，媒質は元の位置まで戻り，あたか
も波が消えてしまったかのように見えます（A － A ＝ 0）
（図8-20b）．

このように波同士がぶつかったときには，媒質の振動
方向のみの足し算，引き算が起こります．これを**重ね合
わせの原理**といいます．また重ね合わせによってできた
波を**合成波**といいます．

定常波 ─ その場でゆらゆらする波

二人で長いバネを持ち，片方を固定しておきます．も
う片方の端を上下に振り連続波を起こします．入射波は
もう片方の端で反射されて返っていき，新たな入射波と
ぶつかり，波の重ね合わせがさまざまな場所で起こりま
す．次の図8-21のように，合成された波は，左右の動
きが止まり，上下に大きく振動する場所と，まったく振
動しない場所ができます．この波を**定常波**といいます．

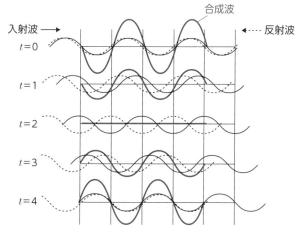

図8-21　定常波の発生

図8-21から t ＝ 0 の波と，t ＝ 4 の波のみを取り出し
たのが図8-22の定常波です．

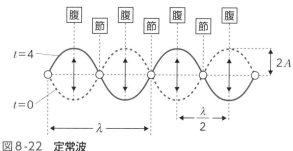

図8-22　定常波

激しく振動する部分を**腹**，まったく振動しない部分を
節といいます．定常波の振幅は入射波の振幅の2倍にな
り，「腹と腹」や「節と節」の間隔は，入射波の波長と
比較すると $\frac{\lambda}{2}$ になります．

波の干渉

2次元での2つの波の重ね合わせについて考えます．
2つの石を同時に水面に投げてみましょう．2つの波が
同時に起こります．図8-23の「実線は山」を「破線は
谷」を示しています．

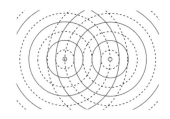

図8-23　平面上の2つの波

波同士が重なり合うと，重ね合わせの原理から，高い
山ができるところや，振幅が0になるところができま
す．図8-24aは山と山，谷と谷など振幅が大きくなっ
ているところを色線で，山と谷など振幅を打ち消し合っ
ているところを黒線で示しています．

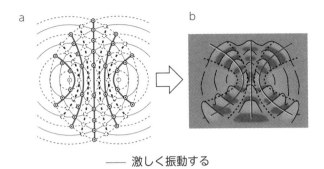

a
b

―― 激しく振動する
‥‥‥ まったく振動しない

図8-24　2つの波の重ね合わせ

　重ね合わせると，**図8-24b**のような模様ができあがります．これらの「激しく振動する場所」や「まったく振動しない場所」は，時間がたっても同じ場所で起こります．つまり，激しく振動する場所では，ある時刻で高い山だったのに，次の時刻で深い谷になるなど，バタバタと大きく振動します．また，まったく振動しない場所は，時間がたっても一向に振動しません．このように波がお互い強め合ったり弱め合ったりすることを**波の干渉**といいます．

第8章 章末問題

① 次の y-x グラフの波の，振幅，波長，振動数，周期をそれぞれ求めなさい．有効数字は2桁とする．また図の時刻を0秒として，$x = 1$ にある媒質Aの y-t グラフを作成しなさい．

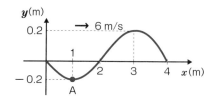

② 次の y-x グラフのように x 軸正の方向に進む波がある．次の各問に答えなさい．

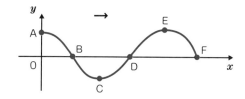

（1）図のとき速度が0となっている媒質をA〜Fからすべて選びなさい．
（2）速度がもっとも速い媒質をA〜Fからすべて選びなさい．

③ 次の空欄に入る言葉を書きなさい．

（1）池に同時に石を落として2つの波紋を作ると，お互いの波が影響を及ぼし合って強め合う部分と弱め合う部分ができる．この現象を（　　　　）という．
（2）お風呂で波を作って壁にあてると，波は逆向きに同じ速さで返ってくる．この現象を（　　　　）という．
（3）ある波がほかの媒質に斜めに入射すると，その媒質の中を曲がって進みはじめることがある．この現象を
（　　　　）という．

④ 波長4.0 m，振幅1.0 mの2つの波がお互いに衝突して重なりあって，定常波ができている．次の各問に答えなさい．

（1）定常波の振幅は何 m か求めなさい．
（2）定常波の腹と腹の間隔は何 m か求めなさい．

波で理解する音と光の現象

救急車は通り過ぎるときに音程を変化させながら通過していきます．また虫眼鏡を通して物体を見ると，拡大され細部まで観察することができます．このような不思議な現象は，音や光が波の性質を持っているためです．第8章で示した波特有の現象を音や光にも当てはめながら，身近な音や光について考えていきましょう．

キーワード　音波，うなり，ドップラー効果，光波，全反射，レンズ，光の干渉

1　音の性質と音程の変化

音波の媒質

音の正体について考えてみましょう．太鼓をたたいて，太鼓の膜を振動させると，図9-1のように，空気中の分子は左右に振動をはじめ，縦波となり伝わって行きます．

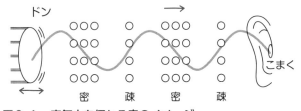

図9-1　空気中を伝わる音のイメージ

この縦波が耳に届くと，私たちは音を感じます．つまり音は媒質が「空気分子」の縦波の波の一種です．このため空気のない真空では音は伝わりません．音の波のことを音波といいます．

音の圧力である音圧を比較するときに必要な単位についての基礎知識はp.81のワンポイント物理講座「デシベルの活用」で紹介します．

音波の伝わる速さ

音波の速さV（音速）は，次の式のように気温tと比例関係にあります．

$$V = 331.5 + 0.6t$$

音は空気分子が作る波なので，空気分子の運動と関係のある気温tによって変化します．日常生活では音速はおよそ340 m/sと覚えておきましょう．

音波の高低と大きさ

音の高い・低いというのは，波のどんな要素と関係しているのでしょうか．実験をしてみましょう．手をノドにあてて，高い声を出してみてください．次に低い声を出してみてください．高い音を出したときは，低い音を出したときより，のどが細かく振動しています．このように高い音というのは振動数fの大きい波，低い音というのは振動数fの小さい波のことをいいます．

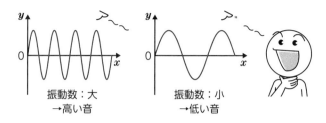

図9-2　音の高・低による振動の違い

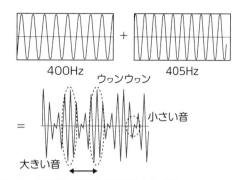

図9-4　振動数の異なる波形の合成波

　音の大小は音の振幅Aの大きさと関係があります．太鼓を強くたたくと膜の振幅は大きくなり，大きな音が伝わります．また太鼓を軽くたたくと膜の振幅は小さくなり，小さな音が空気中に伝わっていきます（**図9-3**）．

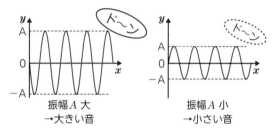

図9-3　音の大・小による振動の違い

　音は波なので，反射，屈折，回折，干渉など波特有の現象が起きます．たとえば「やまびこ」は音が山によって反射するために起こる現象です．

「うなり」は波の重ね合わせ

　振動数が少し異なった2つの音を同時に聞くと，音が大きくなったり，小さくなったりして「ウゥンウゥン」と聞こえます．

　図9-4を見てください．この図は400 Hzの音と，少し振動数の異なる405 Hzの音を重ね合わせたものです．

　合成波を見ると，大きな振幅で振動する時間（音が大きくなるところ）と，小さな振幅で振動する時間（音が小さくなるところ）が，ある一定の間隔で交互に起こっています．よって耳には「ウゥンウゥン」と大きな音と小さな音が順番に聞こえます．この現象を**うなり**といいます．1秒間に聞くうなりの回数は次の公式で求めることができます．また，うなりの回数なので必ず正になるように絶対値がついています．

公式

$$うなりの回数 = |f_1 - f_2|$$

救急車の音程とドップラー効果

　救急車は，近づいてくるときには高い音が聞こえ，遠ざかるときには低い音が聞こえます．この現象を**ドップラー効果**といいます（**図9-5**）．

図9-5　ドップラー効果

　音波を伝える媒質は，空気分子です．救急車が音を出して空気を振動させると，音波は救急車を波源として球

形に広がっていきます．たとえば，図9-6のように原点で「ピッ！」と瞬間的に音を出すと，音波の球は音速 V（およそ340 m/s）で広がっていき，その音波が人の耳に届くと，「ピッ！」っと音が聞こえます．

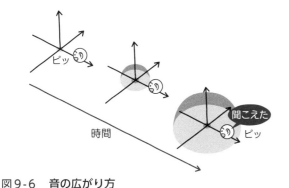

図9-6　音の広がり方

なぜ救急車が動き始めると音程が変わって聞こえるのでしょうか．次の**図9-7**は，救急車が動きながら音を出しているようすを示します．

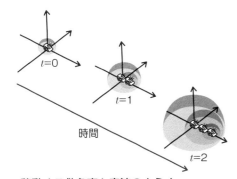

図9-7　移動する救急車と音波のようす

原点で発せられた $t = 0$ にできた音波は，音源が動いたとしても波源となった原点を中心に広がっていきます．ほかの音波も同様に，1つひとつの音波は発生源を中心として，広がっていきます．**図9-7**の $t = 2$ の状態の断面図を次の**図9-8**に示しました．また，救急車が静止している場合と動いている場合の，音波について横から見た図を並べて比較したものを**図9-9**に示しました．

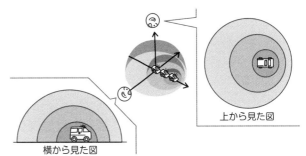

図9-8　移動する救急車のある瞬間の音波

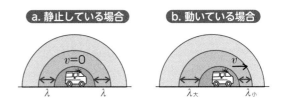

図9-9　横から見た移動する救急車の音波

静止している場合でも，動いている場合でも音速は変化しません．静止している場合には，図9-9aのように音波の波長 λ はどこを見ても等間隔です．よって観測者がどこにいても，1秒間に同じ数の波が耳を通過しています．

しかし図9-9bのように，動いている場合を見ると，音源が音を出す場所が少しずつ前に進むことにより，波面の間隔が前方では狭く（$λ_小$），後方では大きく（$λ_大$）なります．前方にいる観測者の耳には，図9-10のように波長が短くなった音波が，同じ速度（音速）で通過するので，静止していたときよりも多い波が耳を通過することになります．

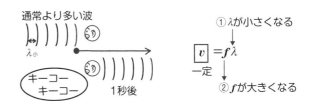

図9-10　進行する救急車の前方で音を聞いた場合

このことから，前方にいる観測者には振動数の大きい音，つまり高い音が聞こえます．

救急車が通り過ぎ，後方に観測者が来た場合について

考えてみましょう．後方では通常よりも波長の長い波が，同じ速度で耳を通過するので，静止していたときよりも少ない数の波が耳を通過します（図9-11）．この事から，振動数の小さな低い音が聞こえるというわけです．

通常より少ない波

①λが大きくなる

$\boxed{v}_{\text{一定}} = f\lambda$

②fが小さくなる

パーポー
パーポー

1秒後

図9-11　進行する救急車の後方で音を聞いた場合

このように，前方と後方の波長の変化が，ドップラー効果の起こる理由です．

ドップラー効果の医療機器への応用については下のワンポイント物理講座「超音波診断で使われる『カラードップラー法』」を参照して下さい．

2　波としての光の性質

光の色と波長の関係

シャボン玉を飛ばすと，キラキラと虹色に光っていますが，シャボン玉の液は透明で色はありません．透明な液がキラキラと光るのは，光が波の性質をもっているためです（図9-12）．

《応用編》
ワンポイント物理講座

超音波診断で使われる「カラードップラー法」

超音波検査（いわゆるエコー）と聞けば「妊婦検診で赤ちゃんを調べるときのアレ」を思い浮かべる人も多いと思いますが，カラードップラー法もエコーの一種です．ドップラー効果を利用して物体（たとえば血液）がプローブ（超音波の送受信器）に近づいているのか遠ざかっているのかを判定し，カラーで表示します．遠ざかる血液をブルー，近づく血液をレッドで表示するのが一般的です．とくに心臓超音波検査（心エコー）で心臓内血流評価に威力を発揮します．

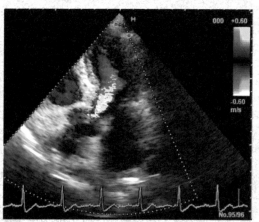

図　心エコー
近づく血液が多いときの様子．
（村山貴裕博士　八女リハビリ病院内科　提供）

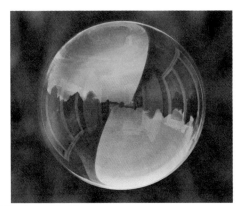

図9-12　シャボン玉

光は電磁波という横波の波です．光の速度は，真空で30万km/s（＝ 3.0×10^8 m/s）（1秒で地球約8周！）という，速度で動いています．また光は決して止まることはありません．常に動き続けています．光は宇宙空間のような何もない真空でも伝わり，太陽から出た光は地球まで届いています．実は光の媒質は空間そのものです．

白色光をガラスでできた多面体（プリズム）に通して観察すると，波長による屈折角（後述）の違いから色が分かれます．これを光の分散といいます．この様子からも白色光はさまざまな色の光でできていることがわかります．光の分散を利用して，光を波長別に分けたものをスペクトルといいます（図9-13）．

図9-13　光のスペクトル

私たちが見ることのできる光とは，電磁波のほんの一部分です．次の図9-14は電磁波の波長と色の関係を示しています．電磁波の波長が400～700 nmの間を可視光線といい，脳が色を感じ取る領域です（nは 10^{-9} を示します）．

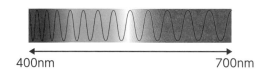

400nm　　　　　　　　700nm

図9-14　電磁波の波長と色の関係

可視光線の波長よりも長かったり，短かったりする電磁波も存在しますが，私たちの目では見ることができません．また，人間以外の動物は違う波長帯の電磁波を見ることができることもあります．あくまで電磁波自体に色がついているわけではなく，人間の脳が特定の波長を感じ取って，色として認識しているのです．光の波長が短いほうから順番に，紫，藍，青，緑，黄，橙，赤と並んでいます．

赤・青・緑を光の3原色といいます．また白色は複数の色が混ざったときにできます（図9-15）．ちなみに，テレビやパソコンのモニターは赤Red，緑Green，青Blue（RGB）の色の組合わせでさまざまな色を発色しています．

図9-15　光の3原色

白く見える太陽光や蛍光灯のような光は，さまざまな色（波長）をもつ波を含んでいます．

私たちは太陽光を直接見るわけではなく，太陽光が物体にあたったとき，反射した光を目がとらえて，脳が物体の形やその色を感じ取ります．たとえば，ある物体が黄色に見えた場合を考えてみましょう．白色の太陽光が物体に当たると，物体は，図9-16のように黄色い光以外の色を吸収し，黄色の光だけを反射しています．

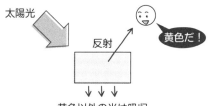

図9-16　色を感じとる仕組み

また可視光領域の反射光がないとき，私たちは黒色を感じとります．よって黒く見えるものは，すべての色を吸収しています．このように黒いものは光のエネルギーをよく吸収するので，暖まりやすいのです．

赤い光の医療機器への応用については p.82 の**ワンポイント物理講座「パルスオキシメーター」**で紹介します．

光の干渉

光が波ではなく粒子だと考えられていたころ，1805年，トーマス・ヤング Thomas Young は**図9-17a**のように2つのスリット（小さな隙間）のついた板に光を入射させ，後方にあるスクリーンにスリットから出てきた光を映す実験を行いました．

光がもしボールのような粒子だとすれば，たくさんの光のボールがスリットに向かって飛んでくることになります．そして，スリットを通った光の粒子は，スクリーンに衝突し，スクリーン上には2本の光の線が現れると予想できます．

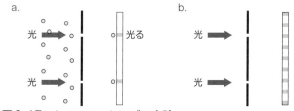

図9-17　トーマス・ヤングの実験

しかし，実験をしてみると，**図9-17b**のように，スクリーンには光の縞模様が観測されました．

光が粒子ではなく波だったら，縞模様になることが説明できます．**図9-18**のように波としての光がスリットに入射します．

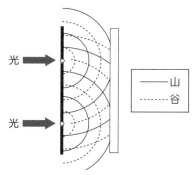

図9-18　光が縞模様になった理由

すると，光はそれぞれの2つのスリットを通るとき，まるで堤防の隙間を通る海の波のように，スリットを波源として円形波が発生します．それぞれのスリットから発生した円形波が重なり合うと，干渉が起きます．そして次の**図9-19**のように光が強め合う線（色実線）と弱め合う線（黒破線）ができます．

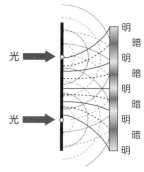

図9-19　光の干渉

この強め合った光はスクリーンで明くなり，また弱め合った光はスクリーンで暗くなります．よってヤングの実験で観測された縞模様は，光が波の性質をもっていることを示していたのです．

屈折率とは「縮み率」

真空中では，光は前述のように 3.0×10^8 m/s の速さで進みます．しかし密度の大きな物質のなかに入ると，その速度は落ちてしまいます．次の**図9-20**のように真空中からガラスに光が入った様子を考えます．

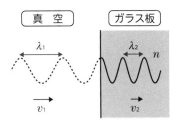

図9-20　光が真空からガラス中に入ったとき

　真空中からガラス板に入るとき，入射の前後で光の振動数 f は変化しないという性質があります．よって速度が小さくなるので，波長は短くなります．

①速度が小さくなると

$$v = \boxed{f}\,\lambda$$
一定

②波長も小さくなる

　この速度や波長が何分の1になるかという割合を**屈折率**といいます．そして真空から入ってきた光の屈折率を**絶対屈折率**といいます．

　入射する前の波長を λ_1，屈折率を n とすると，入射後の速度 v_1 や波長 λ_2 は**図9-21**のように表すことができます．

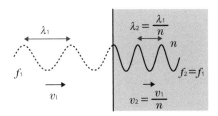

図9-21　入射後の波長と速度

　たとえば屈折率が $n = 2$ のガラスに，真空中での波長 λ_1 が1mの電磁波が入射したとすると，物質のなかでの波長 λ_2 は，真空の半分の0.5mになります．

光の反射

　光は波の性質をもっているので反射します．通常，屈折率の異なる物質に光を斜めから入射すると，反射と屈折が同時に起こります（**図9-22**）．

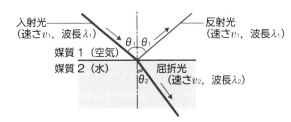

図9-22　水中に光を入射したときの反射と屈折

　まず反射について見てみましょう．次の**図9-23**は豆電球から出た光が鏡に反射している様子を示しています．

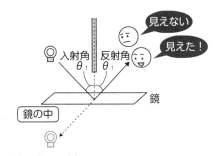

図9-23　鏡と光の反射

　壁があって直接電球が見えない場合でも，鏡に反射した光を見ることにより電球を確認することができます．人間は「光は直進する」と思い込んでしまうため，反射光の先にある鏡のなかに，電球があるように見えてしまいます．このときの入射角と反射角は同じ角度になります．

光の屈折

　次に屈折について見てみましょう．次の**図9-24**のように，上の物質の屈折率を n_1・下の物質の屈折率を n_2，入射角を θ_1・屈折角を θ_2 とします．このとき屈折前の速度 v_1，波長 λ_1 と，屈折後の速度 v_2，波長 λ_2 の間には，次のような関係式が成り立ちます．

公式
$$\frac{\sin\theta_1}{\sin\theta_2} = \frac{v_1}{v_2} = \frac{\lambda_1}{\lambda_2} = \frac{n_2}{n_1} = n_{12}$$

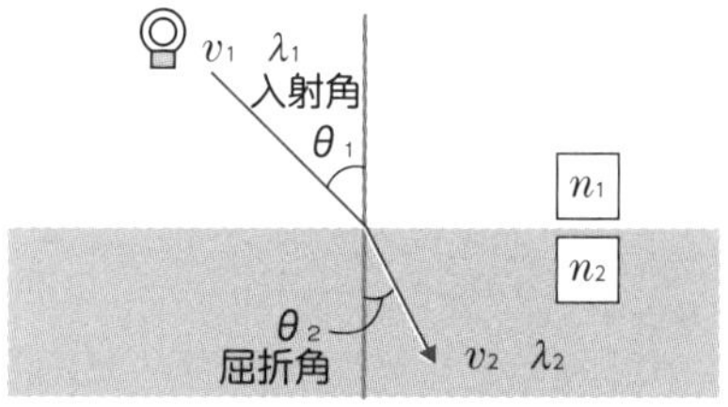

図9-24　入射前後の速度と波長の関係

　媒質1と媒質2の境目を分数の線として，それぞれ「$\frac{上}{下}$」で結ぶことができると覚えましょう．ただし，屈折率だけは，分子分母が逆になっていることに注意をしてください．またこのときのn_{12}を上の媒質に対する下の媒質の**相対屈折率**といいます．そしてn_1が1の真空中から入ってきた場合の，n_2の屈折率を絶対屈折率といいます．**単に屈折率という場合は，絶対屈折率を指します．**

屈折しない全反射

　水に物体を沈めて上から眺めてみましょう．少しずつ目の高さを水面へと近づけていくと，ある角度になった瞬間，水面に天井などが写ってしまい，水中の物体が見えくなる角度があります．その角度を境界線として水中にある物体が見えるところと，見えないところに分かれます（図9-25）．

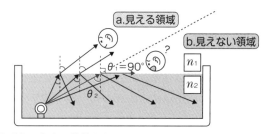

図9-25　水中の物体を見たとき

　人間は屈折して空気中に出てきた光をとらえることで，水中に物体があることがわかります．しかし，入射角θ_1が大きくなってくると，屈折角も少しずつ大きくなり，ある角度を超えると，ついにはまったく屈折せずに反射のみになり，光が外に出ていかなくなります（図9-25の**b**の領域）．この現象を**全反射**といいます．

　全反射が起こる最小の入射角を求めてみましょう．図9-25の色線で示したように，屈折角が90°になったとき，光は外には出ていきません．たとえば，屈折率n_1，n_2を用いて，次の式のように表したときのθ_2が全反射をするときの角度です．

$$\frac{\sin 90°}{\sin\theta_2} = \frac{n_2}{n_1}$$

この角度θ_2を**臨界角**といいます．

3　光の屈折とレンズの利用

2種類のレンズ

　光の屈折を利用して，光を集めたり散らせたりするのがレンズです．周辺部よりも中心部が盛り上がった形をしたレンズが**凸レンズ**です．レンズの中心を結ぶ直線を光軸といい，凸レンズは光軸に平行な光を1点に集めることができます．光が集まる場所を**焦点**といい，レンズから焦点までの距離はfで表します（図9-26）．

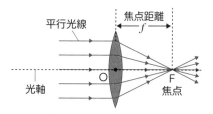

図9-26　凸レンズの焦点

　またレンズの中心部がへこんでいる形をしたレンズを**凹レンズ**といいます．凹レンズの光軸を通った光は，凹レンズの前方にある点から放射状に散らせる性質があります．この点を**凹レンズの焦点**といいます（図9-27）．

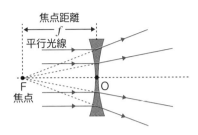

図9-27　凹レンズの焦点

人間の目と凸レンズの実像

凸レンズの焦点の外側に物体を置くと，レンズの後方にその物体の像が写ります．この像は，実際に物体から出た光が集まってできるため，**実像**といいます（図9-28）．

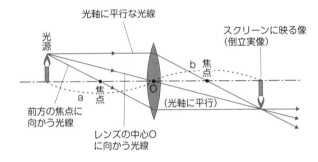

図9-28　凸レンズを通して見た実像

またこの像は物体の向きと反対になるので，**倒立像**（とうりつぞう）といいます．物体から凸レンズまでの距離をa，凸レンズから倒立像までの距離をb，凸レンズから焦点までの距離（これを**焦点距離**（しょうてんきょり）という）をfとすると，次の公式が成り立ちます．

公式
$$\frac{1}{a} + \frac{1}{b} = \frac{1}{f}$$

また物体とできた倒立像の大きさの比，つまり倍率 m は次式で表すことができます．

公式
$$m = \frac{b}{a}$$

人間の目は，物体の距離に合わせて水晶体の厚さを調節して，網膜上に倒立像を作ることによって，その物体を認識しています（図9-29）．

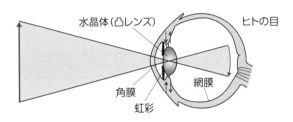

図9-29　目が物を認識する仕組み
水晶体の厚さを変えて，網膜上に倒立実像をつくる．

またカメラではレンズの厚さを自由に変えることができないので，レンズの位置を前後に動かして，内部に倒立像を作ってピントを合わせています．

虫めがねと凸レンズの虚像

虫めがねを通して物体を見ると，物体が大きく拡大された像が見えます（図9-30）．

図9-30　凸レンズの虫めがねで見たとき

このとき，虫めがねは物体に近づける必要があり，物体の像は，レンズの奥にできます．

この像ができる原因は，図9-31を見るとわかります．物体にレンズを近づけていき，焦点の中に物体を置くと，レンズの後方には像を結びません．しかし，レンズ前方から見るとレンズから出た光がレンズの前方に集

まり，実像とは違った像が見えます（図9-31）.

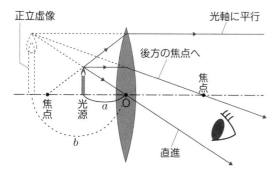
図9-31　凸レンズを通して見た虚像

　このようにしてできた像を**虚像**といいます．凸レンズの虚像の位置は次式で示すことができます.

公式
$$\frac{1}{a} - \frac{1}{b} = \frac{1}{f}$$

　またこのときの倍率は同様に，$m = \dfrac{b}{a}$ で表すことができます.

望遠鏡と凹レンズの虚像

　凹レンズを通して物体を見ると，実際の物体よりも小さな像が見えます（図9-32）.

小さく映る！
図9-32　凹レンズの虫めがねで見たとき

　これは図9-33のように，レンズを通して出てきた光がレンズの前方で像を結ぶためです.

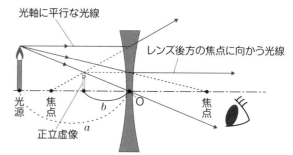
光軸に平行な光線
レンズ後方の焦点に向かう光線
光源　焦点　正立虚像　焦点
図9-33　凹レンズを通して見た虚像

　凹レンズの虚像の位置は次式で示すことができます.

公式
$$\frac{1}{a} - \frac{1}{b} = -\frac{1}{f}$$

　また，このときの倍率は同様に，$m = \dfrac{b}{a}$ で表すことができます.
　凸レンズや凹レンズは，顕微鏡や望遠鏡などに利用されています.

光の散乱

　光が小さな粒子にあたると，さまざまな方向に散っていきます．これを**光の散乱**といいます．光の波長よりも小さな粒子によって起こる散乱は，波長が短い青い色ほど散乱されやすく，また波長が長い赤い光ほど散乱されにくい性質があります．晴れた日に空が青いのは，大気を通るときに散乱した青い光が目に入るためです（図9-34）.

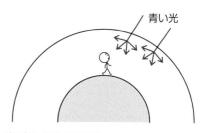
青い光
図9-34　空が青く見える理由

応用編 ワンポイント物理講座

デシベルの活用

デシベルとは

デシベルは音圧以外に電圧や電流など同じ物理量を比較するときに用いられる単位で，入力量に対する出力量の比，つまり利得（ゲイン gain），あるいは増幅率を表すのに便利です．デシベルを使うと非常に広い範囲の数値を圧縮して表現でき，利得の乗法がデシベルの和で計算できるというメリットがあります．

右下の表は知っておくとお得なデシベルと倍率の関係です．

計算方法

音響学では音圧をPa単位で直接的に表現せずに，ベル（Bel，略称はB）単位で相対的に表現しています．基本式は次式のようになります．

$$\text{ベル} = \log_{10}\left(\frac{\text{被検音の圧力}}{\text{基準音の圧力}}\right)^2$$

ヒトが聴くことができる音圧の範囲は，通常 $20\,\mu\text{Pa}$ から $20\,\text{Pa}$ までだとされていますので，基準音の圧力の項には $20\,\mu\text{Pa}$ を代入します．いま，ベル（B）の代わりにデシベル（略称は dB）を使うと，dB = 10 B なので，

$$\text{dB} = 10 \times \log_{10}\left(\frac{\text{被検音の圧力}}{20\,\mu\text{Pa}}\right)^2$$
$$= 2 \times 10 \times \log_{10}\left(\frac{\text{被検音の圧力}}{20\,\mu\text{Pa}}\right)$$
$$= 20 \times \log_{10}\left(\frac{\text{被検音の圧力}}{20\,\mu\text{Pa}}\right)$$

という基本式が完成します．

被検音が 200 Pa のとき，基本式に 200 Pa を代入すると以下のようになります．

$$\text{dB} = 20 \times \log_{10}\left(\frac{200\,\text{Pa}}{20\,\mu\text{Pa}}\right)$$
$$= 20 \times \log_{10}\left(\frac{200}{20 \times 10^{-6}}\right)$$
$$= 20 \times \log_{10}(10 \times 10^{6})$$
$$= 20 \times \log_{10}(10^{7})$$
$$= 20 \times 7$$
$$= 140$$

では簡単なドリルに挑戦します．

試してみよう

【問】 病室のクーラーが故障しました．職員がデシベルを測定すると 53 dB でした．故障前の数値（50 dB）と比較すると今の音圧は何倍でしょう．

【解】 表を利用すれば一発．3 dB に相当する倍率，つまり $\sqrt{2} \fallingdotseq 1.4$ 倍が正解ですが…，念のため式を立てました．各自検証してみてください．

故障前の音圧を P_1，故障後の音圧を P_2 とすると，

$$50 = 20 \times \log_{10}\left(\frac{P_1}{20\,\mu\text{Pa}}\right) \quad \cdots\cdots\cdots\cdots ①$$
$$53 = 20 \times \log_{10}\left(\frac{P_2}{20\,\mu\text{Pa}}\right) \quad \cdots\cdots\cdots\cdots ②$$

が成り立ちます．式②から式①を引くと，

$$20 \times \log_{10}\left(\frac{P_2}{20\,\mu\text{Pa}}\right) - 20 \times \log_{10}\left(\frac{P_1}{20\,\mu\text{Pa}}\right)$$
$$= 3 \quad \cdots\cdots\cdots\cdots\cdots ③$$

となるので，③から $\frac{P_2}{P_1}$ を求めると正解が得られます．ヒントは③の両辺を 20 で割ること．

最終的に，

$$\log_{10}\left(\frac{P_2}{P_1}\right) = 0.15$$

となり，$y = \log_{10}x$ のグラフを描いて y 値が 0.15 になるような x 値を探します．

表 デシベルと倍率の関係

デシベル	倍率	デシベル	倍率
60 dB	1000 倍	3 dB	$\sqrt{2}$ 倍
40 dB	100 倍	6 dB	2 倍
20 dB	10 倍	12 dB	4 倍
0 dB	1 倍	14 dB	5 倍
−20 dB	0.1 倍	−3 dB	$\frac{1}{\sqrt{2}}$ 倍
−40 dB	0.01 倍	−6 dB	$\frac{1}{2}$ 倍

パルスオキシメーター

血液の生理作用の1つが酸素の運搬です．酸素は血液には微量しか溶けないので，実際に酸素を運搬する物質は赤血球中のヘモグロビン（Hb〔血色素〕）です．

ところで，動脈血は鮮紅色をしていますが，これは酸素と結合したHb（酸化Hb）が赤い光（赤色光）を吸収して鮮紅色を呈するからです．この性質を利用すると，動脈血を採取することなく，動脈血の酸素飽和度を検査することができます．

使用する機材はパルスオキシメーターです．図1のように非常にコンパクトな機材で，被験者の指に装着するクリップ，測定装置の本体，接続ケーブルで構成されています．オール・イン・ワンタイプのものも多数出回っています．

クリップには赤色光と赤外線を（交互に）指先に照射する装置と，指先を通過してきた光を感知するセンサーが組み込まれています．光が指先を通過するときに吸光が起こります．指先にはいろいろな組織がありますが，その中で拍動しているのは動脈だけ．したがって，センサーに届いたシグナルのうち拍動性の成分が動脈からのシグナルということです．拍動の頻度は心拍数を意味します．

図2を使って測定原理を簡単に説明します．グ

ラフの横軸は光の波長です．横軸から出ている2本の垂線が赤色光（波長665 nm）と赤外線（波長880 nm）に相当します．縦軸は吸光係数．値が大きいほどよく吸収されたことを意味します．酸化Hbとラベルした曲線と2本の垂線の交点（A点とB点）が酸化Hbからのシグナルです．同様にC点とD点が還元Hbからのシグナルです．4つの交点の吸光係数を比較しましょう．

① $A \ll C$

② $B \fallingdotseq D$

③ $A < B$，つまり $\dfrac{A}{B} < 1$

④ $C \gg D$，つまり $\dfrac{C}{D} \gg 1$

以上から，赤色光/赤外線の値をモニターしながら，その値が減少方向に変化すると「酸化Hbが増えたね！」となるわけです．

図1　パルスオキシメーター
液晶部分には，大文字で97，小文字で79と表示されています．これは酸素飽和度97％，心拍数79を意味します．

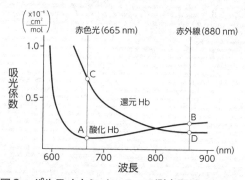

図2　パルスオキシメーターの測定原理

> ## Memo
>
> 1gのHbは最大1.34 mLの酸素を結合することができます．成人の血液1 dL中には約15 gのHbが存在するため，成人の血液1 dLは最大で約20 mL（参考1.34×15 = 20.1）の酸素を結合できます．1 dLの動脈血は実際に約20 mLの酸素を結合しているので，動脈血はその能力を最大限に発揮しているといえます．

ワンポイント物理講座
病室の照度は何ルクス？

　このテーマは看護師国家試験に頻出です．最近では第104回の午後問題21，第106回の午後問題35で出題されました．正解は100〜200ルクスです．それでは演習問題にチャレンジしてみましょう．この問題は第三種電気主任技術者試験（2017年問17）を参考に作成しました．ちなみに，光の単位は，光度がカンデラ，光束がルーメン，照度がルクスですが，このうち国際単位はカンデラです．

【問】　床上3メートルに光源があり全方向を照らしている．全光束は20,000ルーメン．光源の真下にある床の水平面照度はいくらか．単位は，光度がカンデラ，光束がルーメン，照度がルクス．

【解】

$$水平面照度 = \frac{光度}{距離^2} \cdots ①$$

$$光度 = \frac{全光束}{立体角} \cdots ②$$

全光束＝20000ルーメン，立体角＝4πを②に代入すると，

$$光度 = \frac{20000 ルーメン}{4\pi}$$

$$= 1592.3 カンデラ$$

これを①に代入すると，

$$水平面照度 = \frac{1592.3}{3^2} \quad （つまり光源までの距離の二乗は 3^2）$$

$$= 176.9 ルクス$$

　病室の明るさとしては合格ですね．手術室の場合は750〜1,500ルクス，さらに手術野の場合は20,000ルクス以上必要なのでまったく話にならない暗さです．ちなみに，光源の位置が床上6メートルの場合は，距離が2倍に増えたので，水平面照度は1/4に減ります．これが逆二乗則*です．

※逆二乗則：光源から光が全方向に均一に広がっていくとき，その影響力が光源からの距離の2乗に反比例していくこと．

第9章 章末問題

① 次の空欄 (A)〜(C) に入る言葉を書きなさい.

　サイレンを鳴らした救急車が観測者に近づいてくると，観測者には救急車が出している音の振動数よりも，（　A　）い音程の音が聞こえる．このような現象を（　B　）という．これは音の波長が，音源が移動することによってその前方では（　C　）くなるためである.

② 次の色について，電磁波の波長の短い順番に並びかえなさい.

　　[黄色，緑，赤，紫，オレンジ，青]

③ 真空中から屈折率1.5の媒質に光が入射した．媒質中での光の速さは何 m/sとなるか．ただし真空中での光の速さを $3.0×10^8$ m/sとする.

④ 次の図のように，光が真空中からある屈折率 n の物質に入射角 60°で入射した．反射角と屈折率 n を求めなさい．有効数字は 2 桁とする.

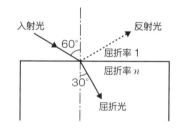

⑤ 次の図のように凸レンズの手前40 cmのところにロウソクをおくと，凸レンズの後ろ40 cmのところにおいたスクリーンに像ができた．この像を作図しなさい．また，このレンズの焦点距離を求めなさい.

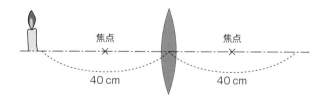

静電気の力とその表し方

10〜13章では電磁気学について学習していきます.
私たちは毎日電気を利用して生活をしています. 本章では, そんな電気を理解するための基礎を学びます.
目に見えない電気を表すための「電場」や「電位」といった考え方について理解していきましょう.

キーワード 電子, 静電気力, 電気量保存の法則, 電場, 電位

1 電気の力の表し方

静電気力 ―止まっている電気の力

電気を知るためには, 原子の構造から知る必要があります. すべての物質は原子からできています. 原子は中心に＋の電気をもつ陽子を含んだ原子核と, その周りをまわっている−の電気をもつ電子からできています (**図10-1**).

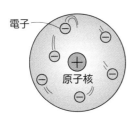

図10-1 原 子

水素は陽子が1つ, ヘリウムは陽子が2つあります. このように原子の種類は陽子の数の違いにあります. 電気には, 異符号の電気は互いに引き合い, 同符号の電気は互いに反発する性質があります (**図10-2**).

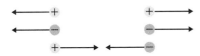

図10-2 電気の性質

この電気の力を**静電気力**（クーロン力）といいます. 通常は原子全体を見ると原子核のもつ＋の電気の和と電子のもつ−の電気の和は一致しており, 電気を帯びていません. しかし摩擦などにより, 電子はほかの物質へと移動することがあります. たとえば下敷きを頭にこすりつけ, 下敷きを持ち上げると, 髪の毛が逆立つという遊びをしたことがあると思います.

図10-3のように, 下敷きで頭をこすると, 髪の毛の電子が下敷きに移ってしまいます.

図10-3 下じきで静電気を起こす様子
下敷きは−に, 髪の毛は＋に帯電.

移動した先の下敷きには−の電気をもった電子が過剰になるため, −の電気を帯びます. また電子をあげた髪の毛は, 電気が±0の状態から−の電気をもった電子が出ていってしまったため, 結果として＋の電気を帯びます. このようにして＋に帯電した髪の毛と, −に帯電した下敷きは電気の力で引き合います.

下敷きや髪の毛のように, 物体が電気の性質をもつことを**帯電**といいます. また物体がもつ電気を**電荷**といい, 電荷がもつ電気の量を**電気量**といいます. 電気量の単位はC（クーロン）を用います. 電子の移動によって帯電するので, 電子1つがもつ電気量は-1.6×10^{-19} C

で，この電気量の大きさ（1.6×10^{-19} C）を，**電気素量**といいます.

電気の総量は変化しない

電気は −の電気をもつ電子の移動によって生じるので，電気をあげた物体（髪の毛）と，電気をもらった物体（下敷き）の電気量の大きさは必ず等しくなります. 物体と物体が電気をやりとりするとき，電気量の和が変わらないことを**電気量保存の法則**といいます.

また電子1モルの電気量が**ファラデー定数**です. この定数については第11章に設けたp.99のワンポイント物理講座「電子1モルの電気量」で少し詳しく解説します.

静電気力の公式

2つの電荷にはたらく静電気力は，次の公式で示されます（図10-4）.

$$F = k\frac{q_1 q_2}{r^2}$$

静電気力＝クーロン定数×$\dfrac{\text{電気量1} \times \text{電気量2}}{\text{距離}^2}$

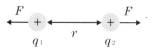

図10-4　クーロンの法則

q_1，q_2は電気量を，rは電荷の間の距離を示します. またkを**クーロン定数**といい，真空中でのkの値はおよそ9.0×10^9 N㎡/C²という定数です. つまり静電気力はお互いの電荷が近いほど，電気量が大きいほど，強い力になります. これを**クーロンの法則**といいます.

静電気力と電気空間の考え方

静電気は重力のように離れていても伝わる不思議な力です. 図10-5のように，ある −の電荷の周りに小さな

＋の点電荷を置くと，−の電荷に引かれるように点電荷は力を受けます.

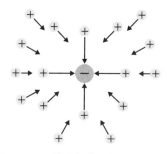

図10-5　離れていても静電気力は伝わる

重力の働く空間を考えたのと同じように，電気の空間を考えることによって静電気力をイメージしてみましょう. たとえば水平にピンと張ったシーツの上にビー玉を乗せると，ビー玉は動きません. しかしシーツの上に枕を乗せると，シーツは枕を中心にへこみ，ビー玉は枕の方向に向かって転がっていきます（図10-6）.

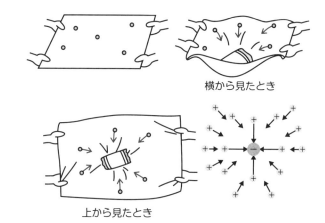

横から見たとき

上から見たとき

図10-6　平面にくぼみができるとビー玉が集まる

このように中心に −の電荷を置くと，電気的な空間が変化して，くぼみができたとイメージしてみましょう. この −の電荷が作った穴によって，点電荷はへこんだ方向に力を受けたと考えることができます.「シーツ」が電気的な空間，−の電荷が「まくら」，＋の点電荷が「ビー玉」に対応します.

次に＋の電荷を置いた場合をイメージしましょう. ほかの＋の点電荷を＋の電荷の周りに置くと，点電荷は遠

ざかる向きに静電気力を受けます.

そこで＋の電荷を置くと「電気的な空間」（一般的には「場」という）が盛り上がると考えてみましょう. その空間にほかの＋の点電荷を置くと, 山の傾きによって＋の点電荷は中心から遠ざかるように転がっていくと考えます（図10-7）.

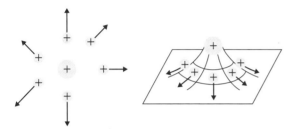

図10-7 ＋の電荷と電気の空間の盛り上がり

このように電気的な高さを導入することで, ある電荷による電気の空間の変化によって, ほかの電荷が力を受けたと理解することができます.

2 電荷が受ける力とそのエネルギー

電場と電位は＋1Cが基準

「＋1Cの点電荷」が受ける力のことを電場といいます. 電場は E で示され, 単位はN/Cです. たとえば＋Q〔C〕の帯電体があると, 電気的な空間がその帯電体によって変化します. この＋Q〔C〕の電荷の周りに＋1Cの点電荷を置くと, E〔N〕の力を受けます. 静電気力の公式の片方の q_1 に Q〔C〕を, もう片方の q_2 に＋1Cを代入すると, 電場の大きさは次の式で示されます.

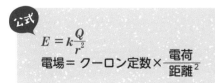

公式

$$E = k\frac{Q}{r^2}$$
電場＝クーロン定数×$\dfrac{電荷}{距離^2}$

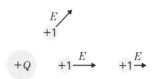

図10-8 電場の大きさと向き

このように, 電場は帯電体に近いほうが大きくなります（図10-8）. また様々なところに「＋1Cの点電荷」をおいたとき, 点電荷が受ける力の向き, つまり電場の向きを示したものを電気力線といいます（図10-9）.

電気力線は＋の電気から放出され, −の電気に吸い込まれていきます.

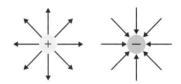

図10-9 電荷と電気力線

電位は「高さ」に相当する

次の図10-10のように金属球を高いところから落とすと, 釘を打ち込むこと, つまり仕事をすることができます. これは重力による位置エネルギーを使っています. 電気の世界でも同じように, 上部に固定された＋の帯電体がある空間に, ＋1Cの点電荷を置くと, 点電荷は静電気力により仕事することができます.

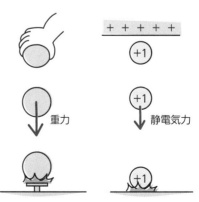

図10-10 重力と静電気力

このことから，＋の帯電体に近いほど，点電荷は「電気の位置エネルギー」をもっているといえます．＋1Cの点電荷のもつ電気の位置エネルギーのことを電位といいます．電位の大きさは，次の式で示されます．

公式
$$V = k\frac{Q}{r} \quad \text{電位＝クーロン定数×}\frac{\text{電荷}}{\text{距離}}$$

電位は電気的な空間の高い，低いを示しています．電位を縦軸にとり，＋の帯電体のまわりの電位を描くと次の図10-11のようになります．

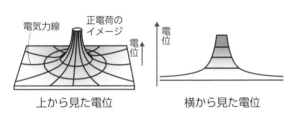

図10-11　電位の概念図

電位はVで示され，単位はボルト（V）を用います．V [V] となるので注意をしましょう．

電位の基準点，0 Vの場所は，普通は何も電気を置かなかった場所を基準とします．よって図10-12のように，＋の電荷を置くと電位が上がり，電位が正の山ができます．また－の電荷を置くと，電位は負となり，穴ができます．

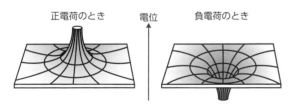

図10-12　正と負の電荷と電位

電場は電位の傾きのこと

電場の大きさは，電位の斜面の傾きと一致します．図10-11のように電位の傾きは帯電体に近づくほど大きくなり，電場もそれにともない大きくなります．

ある場所の電場Eや電位Vをあらかじめ調べておくと，その場所にある電荷qを置いた場合にも対応できます．電場や電位は＋1Cを基準としているので，ある場所の電場がE [N/C]，電位がV [V] のところに，＋q [C] の点電荷を置いた場合，その点電荷にはたらく力は次の式で表されます．

公式
$$F = qE \quad \text{力＝電気量×電場}$$

またその点電荷の電気の位置エネルギーUは次の式で表されます．

公式
$$U = qV \quad \text{電気の位置エネルギー＝電気量×電位}$$

最後に電位と電場の考え方は，「＋1Cの点電荷」を基準としていることに注意しましょう．たとえば＋の帯電体の周りに置いた－q [C] の点電荷は，＋の場合とは逆で，電位の低いほうから高いほうに力を受け，電気空間の山を登っていきます．つまり電場から受ける力の向きは，プラスの場合と180°逆の方向を向いています（図10-13）．

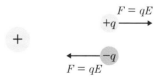

図10-13　正電荷と負電荷で受ける力の向きは異なる

STEP UP 静電気と放電

冬にドアノブを触ったとき，パチっと静電気が放電されて嫌な思いをすることがあります．ドアノブの場合，電圧はおよそ3千ボルト～3万ボルトです．この静電気はどこからやってくるのでしょうか．ドアノブが持っていたのでしょうか．

わたし達は普段何気なく生活をしていても，ウールとアクリル線維の服の組み合わせによる服と服のこすれ，絨毯と足の間の摩擦などで，知らないうちに静電気を帯びていきます．夏のように湿度があれば，体にたまった電気はうまく中和されるなどして逃げていきますが，乾燥した冬の間は，とくに静電気を溜め込みやすくなっています．

たとえば，体がマイナスの静電気を大量に帯びてしまったときにドアノブを触ろうとすると，ドアノブの表面にある自由電子が，手の電子から静電気力を受けて反対側に移動をして，体に近いドアノブの場所が正に帯電します．するとドアノブのプラスの電気にひかれて指先に電子が集まってきます（図1）．

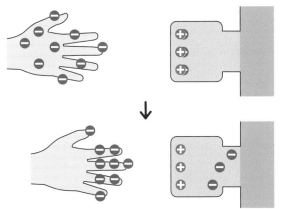

図1 **静電気を帯びた手とドアノブ**

さらに手を近づけていきドアノブと手の間の電場がある一定の値（1 mあたり300万ボルト）を超えると，指先から電子が空気中に飛び出し，ドアノブに向かって移動します（図2）．

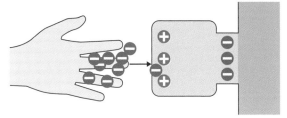

図2 **電子の移動**

このときに空気の分子にも衝突し，分子から電子を弾き飛ばして帯電させてしまうことによって，一気にたくさんの電子がなだれを起こすように指から放出されます．これが**放電現象**です（図3）．

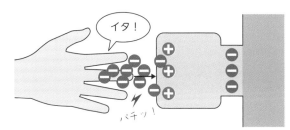

図3 **放電現象**

放電時にはパチっと音がなって，体に電気が流れて，筋肉が収縮し，痛みを伴うなど，不快な思いをします．パチっという音がするのは，電流が空気を極めて短い時間で熱することにより，それが圧力の波（音）となって，私たちの耳に届くためです．火花が見られることがありますが，これは空気中で生まれたイオンが空気中の電子と結びつくときに，そのエネルギーの一部が放出されるためです．なお静電気の場合，電圧は数千から数万ボルトと大きいですが，体に流れる電流はわずかなので，健康上には大きな問題はありません．なお家庭用コンセントの電圧は100ボルトですが，漏電などの際に体に流れる電流は大きいため，非常に危険です．

参考
※1 『電磁気学現象理論（第16版3刷）』（竹山説三〔著〕，丸善，1982）
※2 『これが物理学だ！マサチューセッツ工科大学「感動」講義』（ウォルタールーウィン〔著〕，東江一紀〔翻訳〕，文藝春秋，2013）

第10章 章末問題

次の各問に答えなさい．ただし必要であればクーロン定数を$9.0 \times 10^9 \, \mathrm{Nm^2/C^2}$，電気素量を$1.6 \times 10^{-19} \, \mathrm{C}$を使ってよい．

① ＋4.0 C の帯電体から，1.0 m 離れた場所，また2.0 m 離れた場所の電場の大きさを求めなさい．

② 16 N/Cの一様な電場のはたらく空間に，＋0.050 C の電荷を置いた．この電荷にはたらく静電気力を求めなさい．

③ ＋4 C の帯電体から2.0 m 離れた場所の電位を求めなさい．またこの場所に＋0.010 C の電荷を置いた．この電荷のもつ電気的な位置エネルギーを求めなさい．

④ 次の図のように，原点 O を挟んで $-a$ の位置に $-Q$ の電気を帯びた物体Aを，$+a$ の場所に $+Q$ の電気を帯びた物体 B を置き固定した．クーロン定数を k とする．次の各問に答えなさい．

（1）原点の位置の電位を求めなさい．
（2）原点の位置の電場の大きさと向きを求めなさい．

第11章

オームの法則から理解する電気回路

小学生のころ乾電池と豆電球を使って回路を組み，電流を流したことがありますね．電流の正体とは何なのでしょうか．本章では私たちが実生活でよく使う電流について学習します．そして電気回路について理解し，電気エネルギーを他分野のエネルギーに変換する方法を学びます．

● キーワード 自由電子，オームの法則，電気回路，電力，アース，コンデンサー

1 電流と電子の流れ

電気を通す物質と自由電子

物質によって電気を通しやすい物体と通しにくい物体があります．金属のように電気をよく通す物体を**導体**といい，通しにくい物体を**不導体**といいます．金属は**金属結合**という特殊な結合をしていて，各原子間で「自由に動き回ることができる電子（これを**自由電子**という）」をもちあっています（図11-1）．

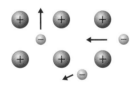

図11-1　金属結合中の自由電子

次の図11-2のように−に帯電した棒を金属に近づけると，棒に近い上方にある自由電子は反発して下方へと移動します．そのため上方では＋が過剰に，下方では−が過剰になります．この現象を**静電誘導**といいます．

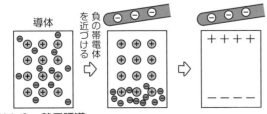

図11-2　静電誘導

電流の流れと自由電子の流れ

電池と豆電球を導線でつなぐと，導線には電流が流れ豆電球は光ります（図11-3）．

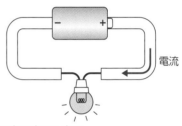

図11-3　電流の流れる向き

電流が発見された当初，その正体がわからず，電池の電極の＋極から−極に向かって，＋の電気が流れていると考えて，その流れを電流と定義しました．しかしこの考え方には，誤りがあることが後にわかります．19世紀ドイツのガイスラー H Geißlerとプリュッカー J Plücker は，ガラス管の両端に電極を封入し，極板間に高い電圧を加える実験をしました（図11-4）．

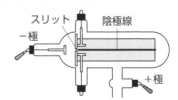

図11-4　陰極線

高電圧を加えながら内部の空気を抜き管内の気圧を下げていくと，−極から＋極に向かって，発光するビームが観察されました．これを**陰極線**といいます．この陰極から出ている謎の物体が，導線を流れていたものの正体であり，その電気的な性質から−の電気をもつことがわかりました．電流の正体は，−極から＋極に流れる電子だったのです．

次の**図11-5**のように，昔から使われている電流の向きと，実際に導線のなかを流れていた自由電子の動く向きは逆向きです．

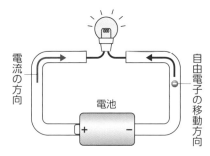

図11-5　自由電子の流れと電流の流れ

歴史的に電流は＋の電気の流れと定義されて使われてきたため，−の電荷をもつ電子だということが発見された後も，電流は正極から出て負極へ戻る＋の電気の流れとして今も使われています．

電流の考え方

電気を考えるうえで，＋の電気の流れとして電流を考えても，大きな支障はありません．**図11-6**は−の電気が順番に左方向に流れていることを示しています．これは電子の流れをイメージしています．

ここで＋の電気に注目すると，＋の電気が右向きに移動しているように見えます．このように−の電気をもつ電子の流れる向きは左方向ですが，＋の電荷が右に流れたと考えても，電気の移動としては同じことになります．

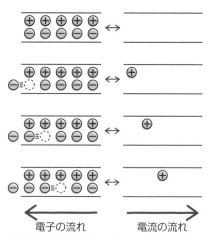

図11-6　電子の流れと電流の流れ

電流の大きさとその単位

電流の大きさは単位時間あたりに導体の断面を通過する電気量で定義されています（**図11-7**）．単位はA（アンペア）を用います．

公式
$$I = \frac{q}{t} \quad 電流 = \frac{電気量}{時間}$$

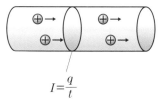

$$I = \frac{q}{t}$$

図11-7　電流の大きさ

2 オームの法則でわかる電気回路と電気代

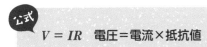

オームの法則

電圧とは電流を流すための圧力のことです．電源電圧をいろいろかえて，豆電球などの導体に流れる電流を計ると，抵抗に流す電流が小さい場合，図11-8のように電圧と電流は比例関係になります（R は比例定数）．

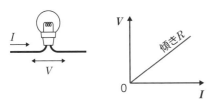

公式

$V = IR$　電圧＝電流×抵抗値

図11-8　電圧と電流の関係

グラフの傾きを示す比例定数の R は，豆電球などの導体の種類によって変わります．R が大きいほど，同じ電圧であっても電流は流れにくいということを示すため，R を**抵抗**といいます．抵抗の単位にはΩ（オーム）が用いられます．

電気回路を図示するとき，回路記号を用いることがあります．電池の回路記号は図11-9のように，線が長いほうが＋極で，短いほうが−極です．豆電球をはじめとする抵抗は，四角い箱かまたは上下に3つの山谷を書いて表現します．

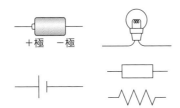

+極　−極

図11-9　電池と抵抗の回路記号

また，オームの法則は医学・生物学にも応用されています．詳しくはp.98のワンポイント物理講座「細胞の働

きとオームの法則」とp.99の「電子1モルの電気量」にまとめました．

電位による電流のイメージ

電気的な空間を考えて，電気回路を立体的に考えてみましょう．電池は電気を作り出す場所ではなく，導線のなかにすでにある電気を動かすための電気的な位置エネルギーを与える装置です．

電池をエレベーターに例え，＋の電荷をボールとして電流の流れをイメージしてみましょう．次の図11-10のようにエレベーター（電池）によって高い場所に持ち上げられたボール（＋の電荷）は低い場所に向かって動きはじめます．階段（抵抗）で高さは下がりはじめ，位置エネルギーを失っていきます．失われた位置エネルギーは，光や熱などほかのエネルギーになって消費されます．この立体図の電気的な高さのことを電位といいます．

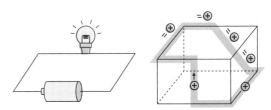

図11-10　電池と抵抗のはたらきをイメージする

抵抗で使うエネルギーのイメージ

電池をつなぐことによって，自由電子が移動をはじめると，自由電子は直線的に進むわけではなく，ほかの原子核に衝突しながら進んでいきます（図11-11）．

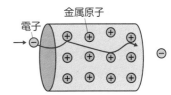

金属原子

電子

図11-11　電子の移動と衝突

このとき，電子の運動エネルギーの一部が原子に伝わり，**熱エネルギー**や**光エネルギー**などになります．

直列接続と並列接続

図11-12aのように，1つの豆電球と1つの乾電池を導線でつなぐと，豆電球は光ります．図11-12bは豆電球を直列につないだ様子です．豆電球の光は，図11-12aの場合に比べて暗くなります．

また図11-12cのように並列に接続すると，どちらの豆電球も明るさは図11-12aのときと変わりません．なぜつなぎ方の違いによって，明るさが変化するのでしょうか．

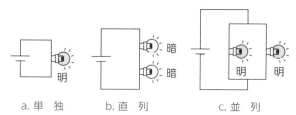

a. 単 独　　b. 直 列　　c. 並 列

図11-12　回路のつなぎ方の違いによる電球の明るさの変化

この秘密はエネルギーの消費量にあります．電位を縦軸に取り，回路を立体的に見てみましょう．

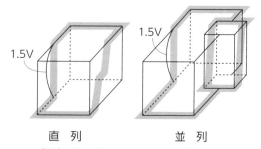

直 列　　　　　　並 列

図11-13　直列回路と並列回路のエネルギーの使われ方

直列接続した場合は，1.5 Vの電位差（でんいさ）（これを電圧（でんあつ）という）が2つの豆電球でわけて使われています．そのため1つの豆電球で消費される位置エネルギーは小さくなります．豆電球はそれぞれ暗くなります．並列に接続した場合には，それぞれの豆電球に電池の電圧1.5 Vが直接加わります．よって1つの場合とエネルギーの消費量は変わらないので，それぞれの豆電球の明るさは変化しません．ただし電池には電流が多く流れ，電池の寿命は短くなります．

次の複数の抵抗を合成する公式を使うと，回路の計算

に役に立ちます．

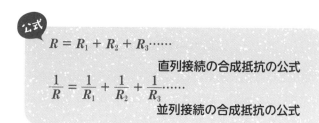

$$R = R_1 + R_2 + R_3 \cdots\cdots$$

直列接続の合成抵抗の公式

$$\frac{1}{R} = \frac{1}{R_1} + \frac{1}{R_2} + \frac{1}{R_3} \cdots\cdots$$

並列接続の合成抵抗の公式

また，直列，並列では分類できない複雑な回路を考えるときには，キルヒホッフの法則を利用すると，各回路に流れる電流や電圧を計算することができます．キルヒホッフの法則には第一法則と第二法則があります．詳しくはp.97のSTEP UP「複雑な回路に便利なキルヒホッフの法則」で解説しました．

電気代金と電力の関係

電気代の請求書をみると，kWh（キロワット時）という単位が書かれています．この単位はどれだけの電気エネルギーを家庭で使用したのかを示します．電気料金の計算は，この単位を元に計算しています．このkWhの意味についてみていきましょう．

ジュール J.P. Joule は導線に加える電圧や電流を変えて，電流を流したときに発生する熱との関係を調べました．そして発生する熱は次の式で示されることがわかります（図11-14）．

$$Q = IVt \quad 熱量 = 電流 \times 電圧 \times 時間$$

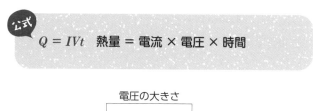
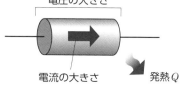

図11-14　電流・電圧と発熱の関係

抵抗から発生する熱のことを**ジュール熱**といいます．

ジュール熱は電流と電圧に比例し，また電流を流した時間にも比例します．単位はJ（ジュール）です．また熱に限らず電流はモーターを動かすなど，仕事をすることもできます（詳しくは12章参照）．このときの仕事を**電力量**といい，電力量もジュール熱と同じ式で表すことができます．

 $W = IVt$　電力量 ＝ 電流 × 電圧 × 時間

また，2つの式に見られるIVを**電力**といい，Pで表します．

 $P = IV$　電力 ＝ 電流 × 電圧

よって抵抗が消費するエネルギーの式を，電力Pを使ってまとめると，次の式で表されます．

$W = Pt$　電力量 ＝ 電力 × 時間

この式をPについて解くと，次の式で表されます．

$P = \dfrac{W}{t}$　電力 ＝ $\dfrac{電力量}{時間}$

つまり電力とは1秒間で使用するエネルギー量を示します．電力の単位はJ/sまたはW（ワット）を使います．たとえば100Wの電球というのは，1秒で100Jのエネルギーを使う電球ということになります．

私たちは発電所から送られてきた電気のエネルギーを使って生活をしています．明細表には電力量であるkWhという単位が書かれています．k（キロ）は1,000を示すので，1 kWh = 1,000 Whという意味です．Whとは電力（W）と時間（h）を掛け合わせたものです．たとえば100 Wの電球を1時間つけているとすると，電力量は

$$100\,\mathrm{W} \times 1\,\mathrm{h} = 100\,\mathrm{Wh} = 0.1\,\mathrm{kWh}$$

となり，100Wの電球を2時間つけているとすると，電力量は，

$$100\,\mathrm{W} \times 2\,\mathrm{h} = 200\,\mathrm{Wh} = 0.2\,\mathrm{kWh}$$

となります．電気代はこのkWhごとにいくらという値段がつけられており，算出されています（実際には，そのほかにも基本代金など，電気代を計算する要素があります）．

3　電気回路の2つの素子「アース」と「コンデンサー」

アースとは

抵抗や電池など，電気回路を作る部品を**素子**といいます．アースという素子について紹介しましょう．

洗濯機や冷蔵庫などの大型家電のコンセントを見ると，脇から別の導線がついていることがあります．これを**アース**といいます（図11-15）．

アースの回路記号

コンセントのアース

図11-15　アース（接地）

アースは不要な電気を地面へと逃がす装置です．台所のコンセントにはアースを設置する場所があります．台所で使う冷蔵庫などの大型家電には大きな電流が流れます．通常家電の外部には直接電気は流れていないので，触っても人体に電気が流れることはありません．しかし内部の配線が古くなって電流が外部へと漏れ出す場合（漏電）や，静電気が大量にたまっているような場合，直接触れることにより人体に電気が流れて地面へと移動

する場合があります. これを**感電**といいます（**図11-16**）.

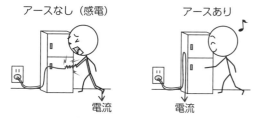

アースなし（感電）　　　　アースあり

図11-16　漏電などのトラブル時におけるアースの効果

人体も抵抗の一種なので, 電気が流れれば電流からエネルギーを受け取るので危険です. しかし大型家電をあらかじめアースを使って地面に接続しておくと, 家電にたまった不要な電気は地面のアースを通して逃げていきます. このようにアースをつけると感電防止となり, 安全です. アースをつけた場所の電位は, 地面と同じ0Vとなります.

また, アースの失敗は医療事故に直結する危険をはらんでいます. ワンポイント物理講座「人体の電気ショック」ではミクロショックとマクロショックについて解説しています.

コンデンサーとは

コンデンサーとは2枚の導体板を向かい合わせた素子です（**図11-17**）.

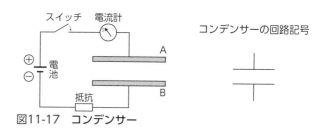

コンデンサーの回路記号

図11-17　コンデンサー

コンデンサーに電池などを用いて電圧を加えると, 片方の極板Bから+の電気が移動をはじめ, もう一方の極板Aにたどり着き, +の電気と−の電気が向かい合わせになります. この現象を**充電**といいます（**図11-18a**）.

\\応用編//
ワンポイント物理講座

人体の電気ショック

乾燥した日にドアノブにさわるとビリッとすることがあります. これは人体に電流が流れたためです. 人間が感じることができる最小の電流を**最小感知電流**といい, 約1mAだとされています. 10mA以上流れるとその電流から逃げるため手を離そうとしても離れなくなってしまいます. これを**離脱電流**といいます. さらに100mA以上流れると**心室細動**（全身に血液を送ることができなくなる）を起こします. このように, 電流が体表面から流入, 流出したときに発生する電気ショックを**マクロショック**といいます.

これに対して心臓に直接電流が流れ込んだときには0.1mAという非常に小さな電流で心室細動を起こします. このような心臓直接の電気ショックを**ミクロショック**といいます. 心臓手術や心臓カテーテル検査などの際にはこのミクロショックの電流値0.1mAを考える必要があります. これ以下ならば安全だろうとされている値はミクロショックの電流値0.1mAの10%, つまり0.01mAです. これが許容電流値で, 医療機器を製造・使用する際の基準になります.

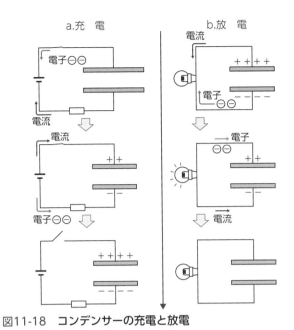

図11-18 コンデンサーの充電と放電

この状態で電池をはずし，電池の代わりに抵抗をつなぐと，図11-18bのように極板にたまっていた＋の電気が電位の低い極板に戻ろうとして，電流が流れはじめます．すべての電気が元の極板に戻ると電流は流れなくなります．これを放電といいます．

実際に動いているのは－の電気をもつ自由電子です．このようにコンデンサーは電気をためることができます．

コンデンサーにたまる電気量は次の式で示されます．

公式

$$Q = CV \quad 電気量 = 電気容量 \times 電圧$$

電気容量Cとはコンデンサーの大きさや，極板の間の距離など，コンデンサーの種類によって変わる定数で，単位にはF（ファラド）を用います．

STEP UP　複雑な回路に便利なキルヒホッフの法則

● 第一法則　ある回路の交点に流れ込む電流と，流れ出す電流の和は変わらない（電気量保存の法則）

この法則は，次の図1のように電流 I_1 が流入し，I_2 と I_3 に分かれた場合，下記の式が成り立つという法則です．つまり電気量保存の法則を示しています．

$$I_1 = I_2 + I_3$$

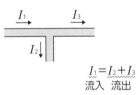

$$I_1 = I_2 + I_3$$
流入　流出

図1　キルヒホッフ第一法則

● 第二法則　起電力（電池が作り出している電圧）の和と各抵抗での電圧降下の和は変わらない

これは言い換えると，「回路のどんな経路をたどっても，元の位置に戻ってくると電位は0になる」ということを示しています．並列回路で説明しましょう．

図2のように①，②の2つの経路をたどってみます．経路①の場合，電池で1.5 V 電位が上がり，また抵抗Aでは1.5 V下がり，元の場所にくると0 Vとなります．

$$+ 1.5 - 1.5 = 0$$

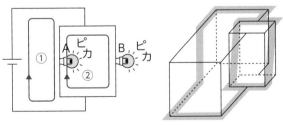

図2　キルヒホッフ第二法則

また経路②の場合，抵抗Aでは電位は1.5 V上がり，抵抗Bでは電位は1.5 V下がります．よって，

$$- 1.5 + 1.5 = 0$$

となり，電位は0に戻ります．このように，どんな経路をたどったとしても，電気回路では元の場所に戻ってくると電位は0になるというのが第二法則です．複雑な回路を考えるときには，この法則を使って計算していきます．

細胞の働きとオームの法則

イオンチャネルの機能は細胞膜内外の物質の出入りを管理しており，そこにイオン電流がかかわっています（Memo 参照）．電流に関する事象には必ずオームの法則が関係します．したがって**イオンチャネル機能の研究にはオームの法則が必須**です．

イオンチャネルの研究では，

電流 I = コンダクタンス G × 電圧 V

とオームの法則を変形させた式を使います．ここでコンダクタンス G は抵抗 R の逆数で，電気の通りやすさという概念です．単位は，シーメンス（略語は S）を使います．単位の組み立ては S = $1/\Omega$.

図はある単一細胞に 2 つのイオンチャネル

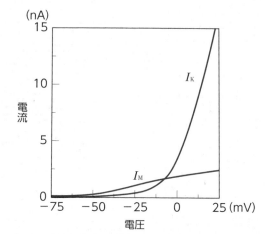

図　2種類のイオン電流の電流／電圧曲線

（文献1）から改変して引用）

があると仮定し，それぞれのチャネル電流（仮に M 電流と K 電流とします）についての電流/電圧曲線を求めた模擬実験の結果です．この図から，M 電流がより陰性の電位でも流れ得る小さな電流であるのに対して K 電流はより陽性の電位で流れ始める非常に大きな電流であることがわかります．

Memo

❶細胞膜の内外を物質が移動（出入り）するとき，その物質の流れを**フラックス** flux といいます．イオンの動き（＝ イオン電流）もフラックスの一種です．

❷イオンチャネルを研究するときはオームの法則中の電圧 V を**駆動力** driving force といいます．

参考文献

1) 時政孝行、西村俊彦：M チャネル電流の調節機序『脳機能の解明- 21 世紀に向けて』．赤池紀扶、東英穂、藤原道弘、小暮久也（編）、九州大学出版会，69 - 75、1998.

＼＼応用編／／ ワンポイント物理講座

電子 1 モルの電気量

ファラデー定数

電子 1 モルの電気量は電気素量 e とアボガドロ数 N_A の積で与えられます.

電子 1 モルの電気量 $= e \times N_A$

$$= 1.602 \times 10^{-19} \times 6.022 \times 10^{23}$$

$$= 96470 \ (単位は \mathbf{C/mol})$$

これが**ファラデー定数**です. 通常は 96500 C/mol として計算します.

では「神経細胞のイオンチャネルが開いてナトリウムイオンが 5 pC 流入した. 流入したナトリウムイオンは何個？」という問題に挑戦してみましょう.

試してみよう

電気素量（1.602×10^{-19} C）を利用します. つまり, 電子 1 個, あるいはイオン 1 個でこれだけ運べるので, 5 pC を運ぶには何個必要か計算すればよいことになります.

比例式にすると, $1 : 1.602 \times 10^{-19}$ C $=$ X 個 $: 5$ pC.

$$\therefore X = \frac{5 \text{ pC}}{1.602 \times 10^{-19} \text{ C}}$$

$$= \frac{5 \times 10^{-12}}{1.602 \times 10^{-19}} \quad (ピコは10^{-12}なので, \mathbf{pC} = 10^{-12} \text{ C})$$

$$= \frac{5}{1.602} \times 10^{7} \quad (累乗の計算は, \frac{10^{-12}}{10^{-19}} = 10^{7})$$

$$= 3.12 \times 10^{7} \ (個) \cdots 約3100万個$$

3100 万個と聞いてびっくりされるかもしれませんが, 神経細胞のなかには数兆個のナトリウムイオンが存在しているため, オリンピックプールにバケツ一杯分の水を注いだ程度の影響しかありません. ちなみに, 1 C を運ぶのに必要な電子やイオンの数は 6.24×10^{18} 個です.

第11章 章末問題

① 次の図のように回路を組むと，電流はア・イのどちらの方向に流れるか答えなさい．また電子の流れる向きはア・イのどちらの方向に流れるか答えなさい．

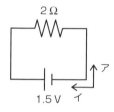

② 1.0 Aの電流が30秒間抵抗に流れた．このとき抵抗を通過した電子の電気量を求めなさい．

③ 次の（1），（2）の回路全体に流れる電流を求めなさい．なお有効数字は2桁とする．

（1）

（2）

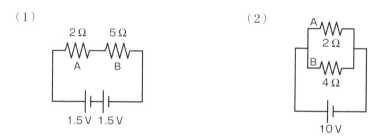

④ 図のように1.5 Vの電池2つを直列接続し，A，B，Cの3つの0.5 Ωの電球を点灯させた．電球A～Cの電力を求め，もっとも明るく点灯するものをすべて選びなさい．

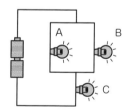

第12章

電流と磁場の関係

静電気の近くに磁石を置いても，静電気は反応しません．しかし，動いている電気（電流）の側に磁石を置くと，電気は力を受けます．本章では，動いた電気と磁石の間をつなぐ力について学習していきます．そしてこの力を利用したモーターの仕組みについて考えていきましょう．

キーワード 磁場，コイル，右ねじの法則，フレミング左手の法則，ローレンツ力，モーター

1 電流が作り出す磁場

磁石のまわりの磁場

磁石と電気には深い関わりがあります．まずは電気から少し離れて，磁石の力（磁気力）について学んでいきましょう．

静電気力と似た力の一つに磁気力があります．砂場に磁石をもっていき，砂に近づけると，砂鉄が磁石の両端にビッシリとつきます（図12-1）．

図12-1 　磁気力

砂鉄がつく部分を**磁極**といい，磁極の引きつける力を**磁気力**といいます．磁石にはN極とS極があり，同じ極同士は反発し，異なる極同士は引き合うという性質をもっています．電気の＋と－の性質とよく似ていますね．また，磁極の大きさを**磁気量**といい，Wb（ウェーバー）という単位を使います．磁気力の大きさは，お互いの磁石との距離と，それぞれの磁極のもつ磁気量によります．

磁石の周りに砂鉄を均一にまき，台を軽く叩くと，図12-2のような模様ができます．磁石によって磁気力の及ぶ空間が作られていることがわかります．この空間を**磁場**（または**磁界**）が生じているといいます．

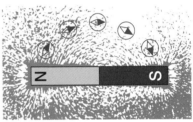

図12-2 　磁 場

方位磁石のような小さなN極の磁極をこの磁石の周りに置いたときに，磁極が受ける力を**磁場の向き**といい，1 Wbの磁気量をもつ磁極が受ける力を，**磁場の強さ**といいます．また，磁場の向きを連ねた線を**磁力線**といいます（図12-3）．磁場は H を使って表し，単位はN/WbまたはA/mを使います．磁場や磁力線は，電場や電気力線の磁気版だと思ってください．

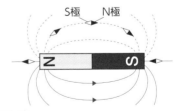

図12-3 　磁力線

電流が作る磁場

モーターを分解してみましょう．意外に単純な作りで

あり，中からは磁石と導線を巻いたコイルが出てくるだけです．この導線に電流を流すとモーターが動くということは，電流と磁石には何か秘密がありそうなことがわかります．

電気と磁気は，お互い「静止させておけば」力を及ぼし合いません．しかし，エルステッド H.C. Ørstedという科学者は導線に電流を流しながら，つまり電気を静止させないで「動かしながら」，方位磁石をその側におくと，なんと方位磁石の針が動くことを発見しました．つまり電流は磁場を作り出し，磁石に影響を与えていたのです．

それでは電流がどのような磁場を作るのか調べてみましょう．

直線電流の作る磁場

直線導線の周りに砂鉄を均一にまき，電流を流して台を軽く叩きます．すると図12-4aのような模様ができあがります．

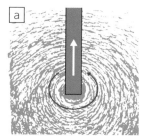
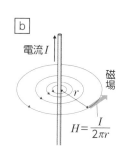

$$H = \frac{I}{2\pi r}$$

図12-4　直線電流の作る磁場

方位磁石を使って磁力線を調べると，図12-4bのように回転する磁場が発生していることがわかりました．電流を逆に流せば，この磁場の回転方向も逆向きになります．電流の流れる方向と磁場の回転方向についての簡単な覚え方を紹介します．右手を出して，手を「Good（グー）」の形にします．そのまま親指を電流の方向に出すと，人差し指から小指の指先の方向が磁場の方向と一致します（図12-5）．また直線電流が作る磁場の大きさは次の式で示されます．

公式
$$H = \frac{I}{2\pi r}$$

直線電流の周りの磁場 ＝ $\dfrac{電流}{2\pi \times 導線までの距離}$

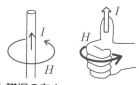

図12-5　電流と磁場の向き

流れる電流 I が大きいほど磁場は強くなり，また導線までの距離 r が近いほど磁場は大きくなります．

円形電流の作る磁場

次に導線を円形にして電流を流してみましょう．すると円の中心Oでは大きな磁場が発生します（図12-6）．

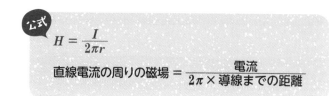

STEP UP　磁気力の公式

磁気力は次の式で示されます．

公式
$$F = k_m \frac{m_1 m_2}{r^2}$$

磁石が及ぼす力 ＝ 磁気のクーロン定数 $\times \dfrac{磁気量1 \times 磁気量2}{距離^2}$

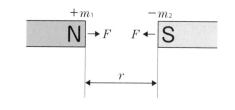

m_1，m_2 はその磁石のもつ磁気量を示します．k_m は比例定数です．この式は静電気力の式や万有引力の公式（p21）とそっくりですね．

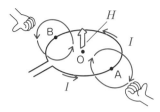

図12-6　円形電流の作る磁場

なぜかというと，それぞれの場合において，電流がどのような磁場を作るのかを考えると理解することができます．たとえば図12-6のAの場所が作る磁場は右手の親指を電流の方向に向けると，中心Oで下から上を向きます．またBの場所が作る磁場は右手の親指を電流の方向に向けると，中心Oで下から上を向きます．そのほかの場所でも，すべての磁場が中心Oでは下から上へ向くことから，円形電流の中心磁場は，磁場が重なり強化されます．

コイルの作る磁場

導線を何回も巻いたものを**コイル**といいます．コイルに電流を流すと，中心では上記の円形電流よりもさらに大きな磁場が発生します（図12-7）．

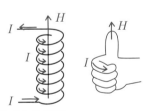

図12-7　コイルの作る磁場

このコイルの中心を貫く磁場の向きも右手使うと簡単におぼえることができます．右手を「グー」にして出し，親指以外の人差し指から小指の指先を電流の回転方向と合わせます．そのとき親指が向いた方向が磁場の向きを示します．コイルの中心部分に発生する磁場の大きさは次の式で示されます．

公式

$$H = nI \quad コイルの磁場 = 巻き数 \times 電流$$

n は**巻き数**（コイルを1mあたり何回巻いているのか）を示し，巻き数を増やすことによって磁場を強くすることができます．

また電流を流したコイルの様子は，棒磁石と同じ状態の磁場を作ります．コイルの中心に鉄の棒（これを鉄心という）を通すと，より磁場を強くすることができます．これを**電磁石**といいます．電磁石を使うと磁場を自由に作り出すことができます（図12-8）．

図12-8　電磁石

2　電流は外部磁場から影響を受ける

直線電流が磁場から受ける力

2つの磁石の間には，磁場を介してお互い磁気力を及ぼし合います．また導線に電流が流れると導線から磁場が発生します．このことから電流を流した導線は磁場を通して磁石と力を及ぼし合うはずです．図12-9のようにコイルのブランコを作り，このブランコの左側に磁石を固定して，磁場のある空間を作ります．このときコイルは磁石から大きな力を受けません．しかし電流を図の方向に流すと，コイルは左側がN極，右側がS極の電磁石になり（右手を使って確かめてみてください），磁石からの右向きの磁場によって右向きに力を受けます．

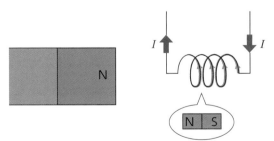

図12-9　コイルのブランコに電流を流した場合

このように，静電気と磁場は影響を及ぼし合いませんが，電気が動きだして電流になると，電気は磁場から力

を受けます.

それではコイルではなく，直線導線に電流を流すと，磁場からどのような力を受けるのでしょうか．次の図12-10のように，導線をブランコのようにつり下げて磁石の側におき，電流を流して調べてみましょう．導線に電流を手前から奥の方向に流すと導線は右側に力を受けます.

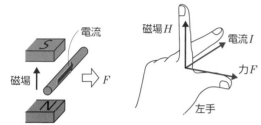

図12-10　直線電流が受ける力

電流や磁場の向きをいろいろ変えて実験をすると，力を受ける方向は，左手を使って，図12-10のように中指が電流の向き，人差し指は磁場（後に出る磁束密度）の向き，そして親指が導線の受ける力の向きを示すことがわかります．電（中指）磁（人差し指）力（親指）「でん・じ・りょく」と覚えておきましょう．電流，磁場，力はそれぞれ別々の方向にちょうど90°ずれています．これらの関係を**フレミングの法則**（フレミング左手の法則）といいます．

またこのとき，導線が受ける力の大きさは次の式で表されます.

公式
$F = \mu IHL$
導線が受ける力 ＝
透磁率 × 電流 × 磁場 × 導線の長さ

μは**透磁率**といい，空気など周囲にある物質によって異なる比例定数です．さらにこの式の比例定数μと磁場Hをまとめたものを，**磁束密度**Bといいます.

公式
$B = \mu H$　磁束密度 ＝ 透磁率 × 磁場

磁束密度と磁場はベクトル量であり，μは比例定数なので，磁束密度の向きと，磁場の向きは等しくなります．磁束密度の単位はWb/m²を用います．磁束密度を使うと，電流が磁場から受ける力を，次のようにスッキリと書くことができます.

公式
$F = LIB$
導線が受ける力 ＝
導線の長さ × 電流 × 磁束密度

フレミングの法則の臨床応用についてはp.106のワンポイント物理講座「アイントホーフェン博士とフレミングの法則」に進んでください．初期の心電計の原理が納得できると思います.

右手で覚える磁場から受ける力の方向

左手を使ったフレミングの法則で覚えてもよいのですが，今までは右ねじの法則など右手を使ってきたので，統一させて右手で覚えておくと便利です（図12-11）.

①右手の人差し指から小指までの指先を電流の流れる方向に向けます.

②その手を磁場の方向に回していきます.

③親指の向いた方向が力の受ける向きです.

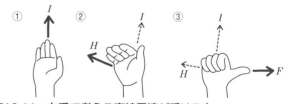

図12-11　右手で考える直線電流が受ける力

動いた電子が磁場から受ける力

磁石をおいたある磁束密度のなかで導線に電流を流すと，導線は力を受けることを学習しました．しかし電流

を流さなければ，この力ははたらかなくなります．よって導線自体が磁場から影響を受けているわけではなく，図12-12のように，導線のなかにある電荷が動くことによって磁場から小さな力を受け，それらの合計として導線が力を受けていると考えることができます．

一つひとつの小さな電荷が磁場から受ける力のことをローレンツ力といいます．導線が受ける力はこのローレンツ力を足し合わせたものです（図12-12）.

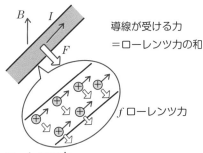

図12-12　ローレンツ力

それではローレンツ力の向きについて考えてみましょう．電流は＋の電荷の流れと定義されています．＋の電荷はフレミングの法則に従ったローレンツ力を受けます（図12-13）.

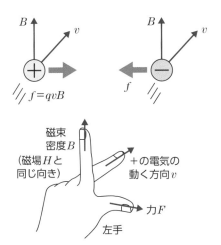

図12-13　ローレンツ力の向き

＋の電気が速度vで動いているとすると，＋の電気の動きの方向が電流の方向にあたるので左手中指を向けます．人差し指を磁束密度の向き，そしてそのとき親指の向く方向がローレンツ力の向きです．ローレンツ

力fの大きさは次の式で示されます．

公式

$$f = qvB$$

ローレンツ力＝電荷×速度×磁束密度

ただし，実際に導線のなかで動いているのは，－の電気をもつ電子です．電子は電流とは逆向きに流れています．－の電気（電子）にはたらくローレンツ力は＋の電荷とは180°逆の方向を向きます（図12-13）.

ローレンツ力とモーターの仕組み

コイルを磁場のなかに置き，電流を流すとコイルは磁場によって力を受け，回転するような力を受けます．これがモーターの仕組みです（図12-14）.

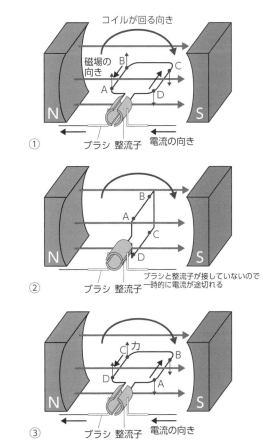

図12-14　モーターの仕組み

図12-14の①のように，磁束密度のある空間で，電流をDCBAの回転方向に流すと，導線ABはローレンツ力を上向きに，また導線CDは下向きに受けます．よってコイルは時計回りに回転する力を受けます．②のように面が磁束密度と垂直になったときは，ブラシと整流子の作用により，電流の流れる向きがDCBAからABCDへと入れ替わりながら，回転の勢いをもっているため次の③の状態になります．

導線AB，CDにはたらくローレンツ力を考えると，ABでは下向きに，CDでは上向きに力を受け，また回転をする力を受けます．このようにモーターは半回転ごとにコイルに流れる電流の向きを変えることによって，回転を続けています．これがモーターの仕組みです．

＼応用編／ ワンポイント物理講座

アイントホーフェン博士とフレミングの法則

　人体はそのあちこちで生体電気（正確には生体電流）を発生しています．これを測定してグラフに表したものを**電位図**と称します．心電図はその代表例です．心電図は最も普及した臨床検査のひとつで，心臓病の診断と治療に絶大な威力を発揮します．心電図の父といわれているアイントホーフェン博士（W. Einthoven 1860〜1927）が心電計のプロトタイプを開発したのは1903年頃ですが，それが**弦線電流計** string galvanometer です．基本原理はフレミングの法則を利用しています．生体電気が弦線を流れると，もし弦線が磁石の作る磁場中にあれば，弦線は電磁力を受けて動きます．つまりフレミングの法則ということですが，電磁力は電流の大きさと方向により決まります．

　したがって，弦線の動き（どの方向にどの程度動くか）を測定すれば電流の大きさと方向がわかります．弦線の動きが逆転すれば，それは電流の方向が逆転したことを意味します．

　アイントホーフェン博士は後年ノーベル医学生理学賞を授与されましたが，その弦線電流計が日本に導入されたのは明治末期だとされています．

第12章 章末問題

① 次のU字磁石の磁力線を描きなさい.

② 右の図のように水平な台紙に導線を垂直に刺し，近くに
方位磁石を置いた．電流を上から下に流すと，方位磁石
のN極はア～エのどの方向を向くか答えなさい.

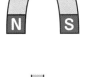

③ 右の図のように釘に導線を巻きつけて電流を流した．磁
力線が出て行く方向（磁石のN極にあたる）はアとイの
どちらの方向か答えなさい.

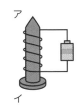

④ （1）～（3）の導線に働くローレンツ力の向きを，図の中
に書き込みなさい.

（1）

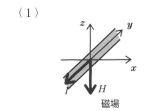

（2）

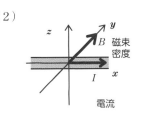

（3）

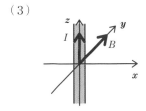

⑤ 磁束密度1.5 Wb/m^{2}の一様な磁場の空間に，0.20 mの
直線導線を置いて2.0 Aの電流を流した．このとき導線
が受ける力の大きさとその方向を求めなさい.

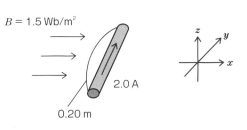

家庭のコンセントに流れる交流電源の作り方とその利用

　私たちのいるこの空間には，磁場や電場を一定に保とうとする性質があります．この性質を利用して，磁石を動かして磁場を乱すと，電気を動かしてコイルに電流を流すこと，つまり発電することができます．また携帯で使用している電磁波もこの空間の性質を利用しています．本章では私たちが毎日利用している交流電源の仕組みと，電磁波について学んでいきす．

キーワード　電磁誘導，誘導電流，交流電源，自己誘導，相互誘導，電磁波

1　磁石と電流

磁場・磁力線・磁束密度の関係

　磁場Hを磁力線で表すのと同じように，磁束密度Bは**磁束線**で表します．磁束密度や磁束線を使うと，電気と磁気の関係を学ぶためには便利です（図13-1）．

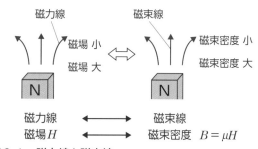

磁力線　　　磁束線
磁場 小／磁場 大　⇔　磁束密度 小／磁束密度 大

磁力線　⟷　磁束線
磁場 H　⟷　磁束密度 $B = \mu H$

図13-1　磁力線と磁束線

　磁場HがN極付近で大きいように，磁束密度BもN極付近で大きくなります．磁束線は磁力線と同じように，N極から出てS極に入っていきます．ここで磁束線を磁束密度Bに垂直な断面1 m²あたりにB本の割合で引くように定義します．するとある面積Sを貫く磁束線の数 ϕ は次の式で表すことができます．

公式

$$\phi = BS \quad 磁束 = 磁束密度 \times 面積$$

　つまり，Bが大きなN極付近では多くの磁束ϕを引くことができ，逆にN極から離れるとBが小さくなり磁束ϕの本数は減っていきます．磁束ϕの単位は，磁極の単位と同じWb（ウェーバー）を用います．

電磁誘導 ──コイルと磁石で電気を作る

　磁石の側で電流を流すと，導線はローレンツ力という力を受けます．では電流の流れていない導線の側で磁石を動かすと何が起こるのでしょうか．

　図13-2のようなコイルを用意します．コイルの近くで磁石を前後に動かしてみましょう．

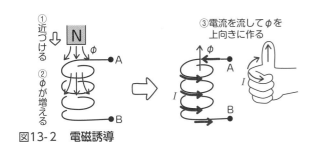

図13-2　電磁誘導

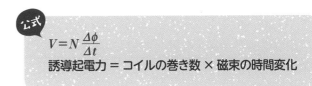

$$V = N\frac{\Delta\phi}{\Delta t}$$

誘導起電力 = コイルの巻き数 × 磁束の時間変化

すると磁石を動かさないとき，つまりコイルを貫く磁束が変化しないときには，コイルに電流は流れません．しかし磁石を近づけたり，遠ざけたりすると，つまりコイルを貫く磁束が変化すると，コイルに電流が流れます．これはコイルが電池になったとみなすことができます．

コイルを貫く磁束の変化によって電圧が生じる現象を**電磁誘導**といい，生じた電圧を**誘導起電力**といいます．また誘導起電力によって流れた電流を**誘導電流**といいます．

誘導電流の流れる方向には規則性があります．コイルは磁束を一定に保とうとする性質をもっています．図13-2のように，N極をコイルに近づけると（①），コイルを貫く下向きの磁束φが増加するため（②），電流はAからBに流れ，コイルは上のほうがN極の磁石となり下向きの磁束の増加を妨げようとします（③）．また次の図13-3を見てください．

Δは変化量を示します．たとえば$\Delta\phi$は「$\Delta\phi$」で一つの意味をもち，「磁束φの変化」を示します．よって，「$\Delta\phi/\Delta t$」は磁束の時間変化を示します．この公式の意味は，磁石を早く動かしてコイルを貫く磁束の時間の変化を早くすると，コイルには大きな誘導起電力が発生するということを示します．Nは**コイルの巻き数**で何回巻いてあるのかを示します．

レンツの法則による誘導起電力の向き，また誘導起電力の大きさを含めた電磁誘導の法則を，**ファラデーの電磁誘導の法則**といいます．

金属板に生じる誘導電流

コイルに磁石を近づけると，コイルには誘導電流が流れます．同じように金属板に磁石を近づけたり，金属板の上で磁石を動かしたりすると，金属板にも誘導電流が流れます．このときに金属板に流れる電流を**渦電流**といいます（図13-4）．

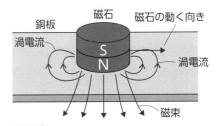

図13-4　渦電流

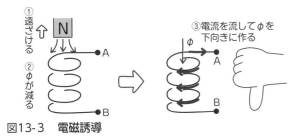

図13-3　電磁誘導

N極を遠ざけると（①），コイルを貫く下向きの磁束が減るため（②），電流はBからAに流れ，上向きの磁束を作り出し，磁束の変化を妨げようとします（③）．

このように誘導起電力は，外からの磁束の変化を打ち消すような向きに生じます．これを**レンツの法則**といいます．誘導起電力Vの大きさは次の式で表すことができます．

渦電流も磁束の変化を妨げるように流れます．渦電流が流れると金属板の抵抗によって熱が発生します．火を使わない電磁調理器では渦電流によって発生するジュール熱を用いています．

導線と電磁誘導

今度は磁石を固定して，磁場のなかで導線を動かして

みましょう。図13-5のように一様な磁場のなかで長さLの導線PQを磁場と垂直な方向に速さvで動かすと、導線に誘導起電力が生じ、豆電球が光ります。つまりただの導線を磁場のなかで動かすと、電池になるのです。

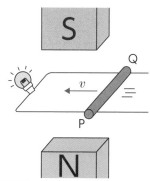

図13-5　直線導線による誘導起電力

この現象は導線のなかにある電子にはたらくローレンツ力によって説明できます。

図13-6のように、ある磁場のなかを導線PQが速度vで通過すると、導線内の自由電子はローレンツ力をPのほうに受けます（電子は－の電気をもっているので、＋の電荷とは逆向きになることに注意）。よってローレンツ力を受けた電子は、P側に移動をはじめます。つまり導線はQ側が＋、P側が－の電池と同じ役割をします。

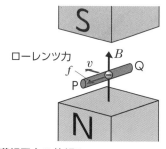

図13-6　誘導起電力の仕組み

このときの導線の誘導起電力は次の式で表されます。

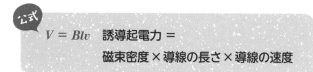

公式

$V = Blv$　誘導起電力 ＝
　　　　　磁束密度×導線の長さ×導線の速度

2　交流の作り方とその利用

発電と交流電源

磁石を動かしてコイルを貫く磁束を変化させたり、導線を磁場のなかで動かしたりすると、コイルや導線は電池となり回路に電流を流すことができます。このようにして発電されるのが、交流の電流です。

直流とは電池のように一方向に＋極から－極に向かって流れる電流のことをいいます。交流とは電流の向きが時間とともに周期的に変化する電流のことです（図13-7）。

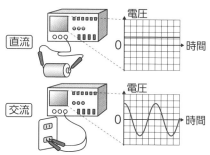

図13-7　直流と交流

交流の発電の様子を説明します。図13-8のようにコイルと磁石を使って、交流電源装置を作ります。このコイルに外部から力を加えて回転させます（①から④）。

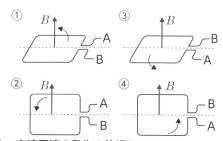

図13-8　交流電流の発生の仕組み

コイルを貫く磁束の変化に注目しましょう。図13-8①ではコイルを貫く磁束は上向きに最大になります。①から②にかけて上向きの磁束が減っていき、②で磁束はコイルを通りません。②から③にかけて上向きの磁束が増えていき、③でまた上向きの磁束が最大となります。さらに③から④にかけて上向きの磁束が減って、④で0となります。そして④から①にかけて上向きの磁束が増

えていき，①に戻ります．

このようにコイルを貫く磁束が時間とともに変化するため，コイルには誘導電流が磁束の変化を妨げるように流れます．①から②にかけては，上向きの磁束が減るため，上向きの磁束を増やすように，右手を「グー」の形にし，親指を上に向けます．するとAからBの方向に電流が流れることがわかります．また②から③にかけて上向きの磁束が増え始めるので，下向きに磁束を作るように（右手の親指を下に向けてください），電流はAからBに流れます．

③から④にかけては上向きの磁束が減り始めるので，今度はBからAに電流が流れ，上向きの磁束を保とうとします．さらに④から①にかけて，上向きの磁束が増えるため，減らすためにBからAに電流は流れます．

このように，①から②，②から③のときはAからBに電流は流れ，③から④，④から①ではBからAに向かって電流は流れます．このように磁場のある空間でコイルを強制的に回すことで，電流や電圧の向きが変化する交流電源となります．

発電所の仕組み

火力発電では，石油を燃やして水を温め水蒸気にし，その圧力を使ってコイルを回転させて，発電しています．その他の風力発電，水力発電，原子力発電も，同じようにコイルを回転させて，電磁誘導を利用して発電しています．

実効値 ―交流電力に用いられる値

家庭用のコンセントは，日本の東側では電圧が100 Vで周波数（振動数）が50 Hzの電源，また日本の西側では電圧が100 Vで周波数が60 Hzの電源が供給されています．周波数とは1秒間に交流電圧の方向が何回変わるのかを示しており，50 Hzであれば1秒間に50回，電流の方向が変わっているという意味です．東と西の周波数の違いは，明治にドイツからの発電機は関東に，アメリカからの発電機は関西に輸入されたことによります．

次に交流電圧100 Vの意味を考えてみましょう．100 Vとは図13-9のように最大値を示しているわけではありません．実は100 Vの交流電源の電圧の最大値はおよそ141 Vです．

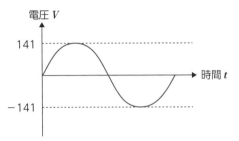

図13-9 実効値100 Vの交流電圧の波形

交流の場合，電流や電圧の平均値をとると，0となってしまいます．そこで電力を基準に**実効値**というものが定義されています．

公式
$$P = I_e V_e$$
電力 ＝ 電流の実効値 × 電圧の実効値

公式
$$V_e = \frac{V_0}{\sqrt{2}}$$ 電圧の実効値 ＝ $\dfrac{\text{電圧の最大値}}{\sqrt{2}}$

$$I_e = \frac{I_0}{\sqrt{2}}$$ 電流の実効値 ＝ $\dfrac{\text{電流の最大値}}{\sqrt{2}}$

実効値は交流における電流や電圧の平均値のようなもので，実効値を使うと交流回路も直流回路と同じようにエネルギーの計算をすることができます．家庭の電源電圧100 Vとは実効値100 Vという意味です．

電流の変化を嫌うコイルの性質と自己誘導

図13-10のような回路を作り，スイッチを開閉して，コイルに流れる電流を変化させると，グラフのようになります．

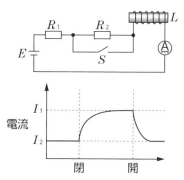

図13-10　自己誘導

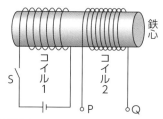

図13-11　相互誘電

スイッチの開閉に合わせて，瞬間的に電流は変化しません．スイッチを切り替えて，コイルに流れる電流が突然変化すると，コイルのなかを貫く磁束が増加したり，減少したりします．コイルには磁束を一定に保とうとする性質があるため，磁束の変化を妨げる向きに誘導電流を流そうとします．

たとえば開いていたスイッチを突然切ると，今までコイルに流れていた電流は少なくなり，コイルを貫く磁束が減ってしまいます．磁束を一定に保つというコイルの性質から，コイルに誘導起電力が発生します．そのため電流の変化が鈍ります．これを自己誘導といいます．自己誘導による誘導起電力は次式で示されます．

$$V = L \frac{\Delta \phi}{\Delta t}$$
誘導起電力＝自己インダクタンス×磁束の時間変化

L は自己インダクタンスといい，単位にH（ヘンリー）を使います．自己インダクタンスはコイルの自己誘導の大きさを表します．

相互誘導で電圧を操作

図13-11のように鉄心を通して2つの巻き数の違うコイルを置いてみましょう．

スイッチを入れて片方のコイル1に電流を流しはじめると，コイル1には左向きの磁束が発生します．よって側にあるコイル2にもコイル1からの左向きの磁束が貫きます．コイル2はこの磁束の変化を妨げるように，自己誘導によって，電流をQからPに流して逆向きの磁束を作ろうとします．このとき鉄心は磁束がほかの空間に逃げないようにする役割をしています．

このように片方のコイルに流れる電流を変化させることによって，もう片方のコイルに誘導電流が流れる現象を，相互誘導といいます．

相互誘導と交流電源を利用すると，電圧を自由に操ることができます．図13-12のように，片方のコイル1に交流電源を，もう片方に違う巻き数のコイル2をつけます．

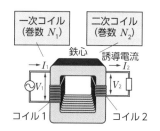

図13-12　変圧器の仕組み

コイル1に交流を流すと，電流が時間とともに常に変化するため，常に変化する磁束がコイルのまわりに発生し，その磁束は鉄心を通してコイル2に伝わっていきます．コイル2は相互誘導により，その磁束を打ち消す方向に電流が流れ始めます．このときコイル1の巻き数N_1と電圧V_1，コイル2の巻き数N_2と電圧V_2の間には次のような関係式が成り立ちます．

$$V_1 : V_2 = N_1 : N_2$$

このように入力した電圧 V_1 を 2 つのコイルの巻き数を変化させることによって，出力する電圧 V_2 の電圧を自由に操作することができます．このような電圧を変えることができる装置を変圧器といいます．変圧器は電柱などに取り付けられています．発電所から家庭の近くまでは高電圧で送られ，家庭に届く際の電圧は電柱で 100 V に調整されます（図13-13）．

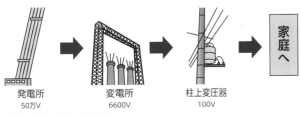
図13-13 電力の輸送

通信で使われる電磁波と交流の関係

コイルを貫く磁場が変化すると，電磁誘導によってコイルには電流が流れます．これはコイルに沿って電場が生じたためです．実は一般にコイルがなくても，空間そのものに電場や磁場を一定に保とうとする性質があります．そのため，図13-14のように，磁場が変化すると，そのまわりの空間に電場が生じます．

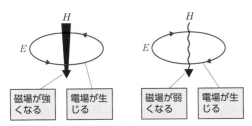
図13-14 磁場の変化による電場の誘導

また直線導線の周りにできる磁場のように，電場が変化することによって磁場は作り出されます（図13-15）．

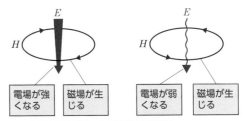
図13-15 電場の変化による磁場の誘導

コンデンサーを充電してから，コンデンサーをコイルと接続すると，一定の周期でコイルの間を電流が交互に流れる現象が起きます．これを電気振動といいます．これはコイルの自己誘導を利用しています．図13-16のように電気振動を起こしたコンデンサーを開いて空間に置きます．すると電場と磁場が空間へ出やすくなります．

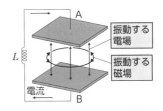
図13-16 電気振動とコンデンサーの開放

コンデンサーの極板間で，変化する電場が発生すると，その電場の変化によって，磁場が発生し，この磁場の変化を打ち消すように，別の電場が作られます（図13-17）．

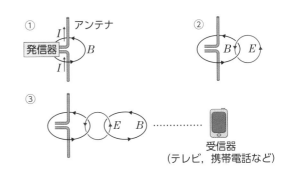
図13-17 電磁波の発生

このようにして次々に電場と磁場がまわりの空間へと伝わっていきます．この波を電磁波といいます．

電磁波は**表13-1**のように，その波長ごとて呼ばれる名前が変わっており，光や赤外線，紫外線も電磁波の一種です．

表13-1　波長ごとの電磁波の呼称

周波数	波長	名　称	利用例
[Hz]	[m]	長波 (LF)	航行用通信
10^6	10^2	中波 (MF)	国内ラジオ放送
		短波 (HF)	短波放送
10^8	1	超短波 (VHF)	FM放送
		極超短波 (UHF)	テレビ放送 携帯電話
10^{10}	10^{-2}	センチ波 (SHF)	衛星放送
10^{12}	10^{-4}	ミリ波 (EHF) サブミリ波	
		遠赤外線	乾燥・熱源 赤外線写真
10^{14}	10^{-6}	赤外線 近赤外線 可視光線	光通信 光学機器
10^{16}	10^{-8}	紫外線	滅菌灯
10^{18}	10^{-10}		
10^{20}		X線	X線写真 (医療)
	10^{-12}	γ線	材料検査

（電波：超短波～サブミリ波）

電磁波はさまざまな場所で使われていますが，医療で大切なのがX線です．もともと，発見時に未知の放射線であったためにXと名付けられています．X線は物質に対する透過力が強く，X線撮影などに使われています（**図13-19**）．

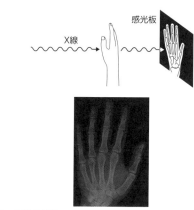

X線　　感光板

図13-19　**X線撮影**

114

非接触型ICカードの仕組み

鉄道の改札口で使う非接触型のICカードは，分解しても中に電池は入っていません．また，これらのカードは銀行などで使用している接触型のキャッシュカードと違い，財布から出さず，改札機にかざすだけでお金のやり取りができます．どのようにしてデータをやりとりしているのでしょうか．実はこのような非接触型ICカードの中には，ICチップ（集積回路）とコイルが組み込まれています．このコイルが電池の役割をしているのです．

改札機のカードをかざす部分からは，目には見えませんが磁束が出ています．そこに非接触型ICカードをかざすと，カードの中のコイルに磁束が貫き，この磁束の変化を打ち消す向きに誘導起電力が発生して回路に電流が流れます．

$$V = N\frac{\Delta\phi}{\Delta t}$$

この電流によって，瞬間的にカード内部のICチップが作動し，乗車駅の情報や残高などのデータがやり取りされます．

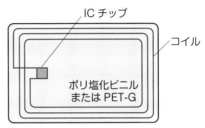

図　非接触型ICカードの内部イメージ

応用編 ワンポイント物理講座

物理療法

本文中で電磁波はさまざまな場所で使われていると述べましたが，電磁波などの物理エネルギーを使う治療法を物理療法といいます．おもな物理療法には，赤外線療法，紫外線療法，超音波療法などがあり，総じて照射部位を温める作用が知られています．温水や冷水も利用され，一番身近な存在は温泉での湯治でしょう．物理療法の基礎知識は，理学療法士を目指す学生にとっては必須で，国家試験にもよく出題されています．過去に出題された国家試験を紹介するので参考にしてください．

【問】　電磁波でないのはどれか（理学療法士国家試験第44回午前問題79）

① 低周波

② 超音波

③ 赤外線

④ 極超短波

⑤レーザー光線

【解】　光線（紫外線，可視光線，赤外線，レーザー光），放射線，超短波などが電磁波です．正解は選択肢2．低周波は電磁波と音波を含むので，ひと癖ある設問といえます．

第13章 章末問題

① 右の図のようにコイルの上部にS極を下にして磁石を向け，（1）〜（3）のような
操作をした．それぞれの場合に，コイルに流れる誘導電流の向きを「AからB」，
「BからA」から選びなさい．

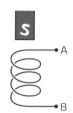

（1）磁石を図の下に動かしコイルに近づける．
（2）磁石を図の上に動かしコイルから遠ざける．
（3）コイルを右側に動かし，磁石から遠ざける．

② 磁束密度1.5 Wb/m²の一様な空間に，面積1.0×10⁻² m²のコイルを垂直に置いた．このコイルを貫く磁束密度 φ を求め
なさい．

③ 0.30 mの長さの導線が磁束密度0.50 Wb/m²の一様な空間（Bの方向は−Z方向）を垂直に横切った．導線の速度を
0.10 m/sとする．このとき導線の誘導起電力を求めなさい．また電位が高いのはPとQのどちらか．

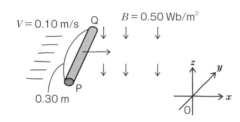

④ 1次コイルと2次コイルを次の図のように鉄心に巻いた．1次コイルに周波数50 Hz，電圧100 Vの交流電圧をかけると，
2次コイルに生じる電圧の大きさを求めなさい．巻き数の比は1：2とする．

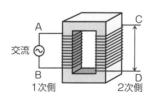

⑤ 次の電磁波を波長の短い順番に並び替えなさい．

　［テレビ通信用電波，X線，赤外線，可視光線，紫外線］

第14章
原子の構造と半導体・放射線

私たちが毎日使う携帯電話やパソコンのなかには半導体が入っています．また医療現場ではX線撮影など，放射線をうまく使って役立てています．これらの技術は原子の構造とその性質を利用しています．

本章では原子について学び，半導体や放射線について理解しましょう．

キーワード 半導体，集積回路，放射線，放射性崩壊，半減期

1 原子の構造とその表し方

原子は**原子核**と呼ばれる芯とその周りを飛んでいる**電子**からできています．原子核はプラスの電気をもった**陽子**と電気をもっていない**中性子**からできています．原子核を構成する陽子と中性子を**核子**といいます（図14-1）．

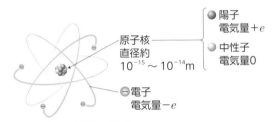

図14-1 原子と原子核の構成

原子の種類は，陽子の数が1個なら水素，2個ならヘリウム，というように，原子核に含まれる陽子の数で決まっており，この数のことを**原子番号**といいます．また陽子の数と中性子の数を合わせたものを**質量数**といいます．原子の名前は，水素ならH，ヘリウムならHeとその原子によって文字が決められています．ある原子Xの原子番号は文字Xの左下，質量数は文字Xの左上に書きます．

たとえば，陽子2個，中性子2個をもつヘリウムは次のように記述されます（図14-2）．

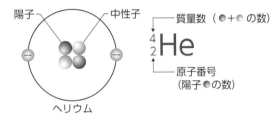

図14-2 原子番号と質量数

このほかの原子の種類や名前は表紙の裏にある周期表を参考にしてください．

原子番号は化学的な性質，質量数は物理的な性質と関係があります．原子核のなかにまとまっている陽子同士は，プラスの電気をもつため，静電気力がはたらき反発しあっています．それでも原子核を形成している理由は，核子同士が**核力**という静電気力よりも強い力で結びついているためです．

2 身のまわりにある半導体

私たちの生活に半導体の技術は欠かせないものになっています．パソコン，家電，医療機器をはじめ，あらゆるところに活用されています．ここではその基本的な仕組みについてみていきましょう．

117

半導体ってどんなもの？

物体には電気が流れやすいものとそうでないものがあります．導体と不導体の中間の性質で，電圧を強くかけると電流が流れる物質を**半導体**といいます．半導体のなかでも，ケイ素Si（シリコンsiliconとも呼ぶ）などに微量のリンPやアルミニウムAlなどの不純物を入れた半導体を**不純物半導体**といいます．不純物半導体は，不純物の種類によって**n型半導体**と**p型半導体**の2種類に分類できます．

n型半導体と電子

シリコン（原子番号14）の結晶に，微量のリン（原子番号15）などを混ぜたものがn型半導体です．原子のもっとも外側にある電子を**価電子**といいます．シリコンは4個の価電子をもっています．原子の構造上，8個の価電子をもった状態のほうがシリコンは安定しており，4つの価電子が不足しています．そのため次の**図14-3**のようにシリコン原子の4個の価電子は，隣のシリコン原子の4つの価電子と共有して，お互いに8個の価電子をもつ状態を作っています．このような結合を**共有結合**といいます．

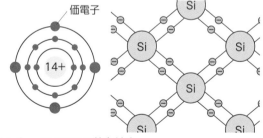

図14-3　シリコンの共有結合

対して不純物としてシリコンに加えるリンは，5個の価電子をもっています．リンをシリコンのなかに混ぜ合わせると，4個は共有結合に使われますが，1個の電子が余ってしまいます（**図14-4**）．

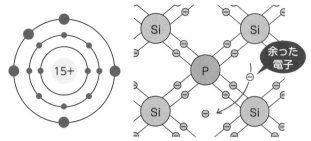

図14-4　シリコンにリンを混ぜたときの結合

この余った電子は結晶内を**自由電子**のように動き回ることができます．この半導体に電場を加えると，余った電子は電場によって動きだすため電流が流れます．これがn型半導体の仕組みです．

電流の担い手を**キャリア**といいます．たとえば今まで扱ってきた金属導線のキャリアは自由電子です．n型半導体のキャリアは余った電子です．電子は−の電気をもっているため，英語で−の意味をもつ「negative」の頭文字からn型半導体という名前がついています．

p型半導体と正孔

シリコンの結晶の中に微量のアルミニウム（原子番号13）などを混ぜたものがp型半導体です．アルミニウムの価電子は3個しかありません（**図14-5**）．

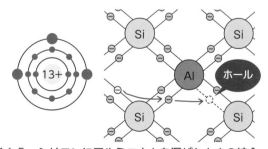

図14-5　シリコンにアルミニウムを混ぜたときの結合

シリコンにアルミニウムを加えると，アルミニウムの3つの価電子は共有結合しますが，残り1つの電子をもっていないため，まわりのシリコン原子には1つ穴が空いたような状態になります．この穴を**ホール**，もしくは**正孔**といいます．

ここに電場を加えると，近くの電子がこの穴に移動します．しかし移動前の電子のあった場所が，今度は共有結合の穴となってしまいます．そのため，となりの電子が移動をして穴をうめ，するとまたとなりの電子が穴をうめ…，というように，正孔がまるで＋の電気をもつ自由電子のように電場の方向に移動していきます．このようにp型半導体のキャリアは正孔です．英語で＋の意味をもつ「positive」の頭文字からp型半導体という名前がついています．

半導体の利用

p型半導体とn型半導体を接合し，その両端に電極をつけたものを**半導体ダイオード**といいます．半導体ダイオードは決まった方向のときだけ電流が流れる性質をもちます．これを**整流作用**といいます．整流作用を利用すると，電流の向きが周期的に変わる交流を，電流の向きが変わらない直流に変えるために利用することができます．また**発光ダイオード**は，半導体ダイオードのエネルギーの一部が光になるものをいいます（図14-6）．

図14-6 発光ダイオード

発光ダイオードの光はエネルギー効率が良いため，信号機やテレビなど，さまざまな場所で利用されています．またp型半導体とn型半導体を組み合わせてできる**太陽電池**は，光エネルギーを電気エネルギーに変換することができます．

n型半導体とp型半導体を3つ組み合わせることによって，**トランジスター**という素子ができます．トランジスターは回路に流れる電流を効率よく調節することができます．トランジスターやコンデンサー，または抵抗

などの素子を，小さい基板上に配置した回路を**集積回路**（IC：integrated circuit）といいます．また1万個以上もの素子を集めた回路を**大規模集積回路**（LSI：large scale integration）といいます（図14-7）．ICやLSIは，コンピューター，オーディオ，ゲーム，記憶装置，携帯電話など家庭のあらゆる場面で利用されています．

図14-7 LSI

3 放射線の基本的な性質

放射線の発生

原子核のなかにはウランのように大きなものがあります．ウランは原子番号92，中性子と陽子を足した質量数は238もあるものがあります．このように質量数がとても大きな原子核は，内部で陽子同士の静電気力が強くなり反発しあうため，不安定です．このような不安定な原子核は長い時間をかけて**放射線**を出しながら，少しずつ軽くて安定した原子核に変わっていきます．この現象を**放射性崩壊**といいます．また自然に放射線を出す性質を**放射能**といいます．放射線は磁場などを通すと，α線，β線，γ線の3つに分類することができます（図14-8）．

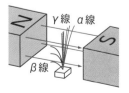

図14-8 放射線

α線の正体は，${}^{4}_{2}$Heのヘリウムの原子核です．ヘリウ

ムの原子核は非常に安定していて, $^4_2$Heのセットで原子核から飛び出します. 図14-9のように原子番号92のウランからα線の$^4_2$Heが飛び出すと, 原子番号は−2, 質量数は−4となり, ウランは原子番号が90番のトリウムという原子に変化します.

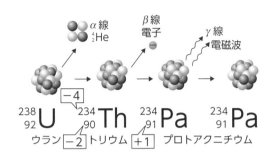

図14-9　ウランの放射性崩壊

また β 線の正体は電子です. 原子核にある中性子は陽子へと変化することがあり, その変化の際に中性子から電子が飛び出します. 中性子が陽子に変化するので, 原子番号が1つ増えます.

最後に γ 線の正体は光と同じ電磁波です. α 線や β 線などを放出した際の余分なエネルギーとして電磁波である γ 線が放出されます. γ 線は電磁波なので原子番号も質量数も変化しません.

どの放射線も大きなエネルギーをもっているため人体にとって危険です. 中でも危険なのが, 透過力が強く防ぐことが難しい γ 線です. 図14-10のように α 線は紙を通過することができません. β 線は, 紙は通過できますが, 薄い金属板を通過することができません. γ 線は厚い鉛の板でやっと防ぐことができます.

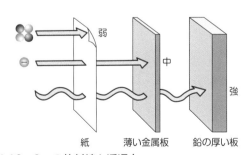

図14-10　3つの放射線と透過力

放射線のさまざまな単位

放射線で使われる単位には**ベクレル**（Bq）, **グレイ**（Gy）, **シーベルト**（Sv）などがあります. 放射能の強さを示す単位にベクレルがあります. 原子核が毎秒1個の割合で崩壊して放射線を放つ放射能が1ベクレルです. また放射線が物質に与えるエネルギーの量を**吸収線量**といいます. この吸収線量を基準とした単位にグレイがあります. 物質1kgあたり1Jのエネルギーが吸収されたときの吸収線量を1グレイといいます.

そして放射線の生物学的な効果をもとに決めた単位にシーベルトがあります. 人体が放射線を受けることを**被ばく**といいます. 吸収線量が同じでも, 人体への影響は放射線の種類などによって異なります. 吸収線量にそれらの違いを係数としてかけた量を**等価線量**といい, シーベルトを用いて表します. また, 人体への影響は臓器によっても異なるため, さまざまな臓器ごとに決められた係数を等価線量にかけて, その影響を加味した値を**実効線量**といいます. 実効線量の単位についてもシーベルトを用います.

放射性崩壊と半減期

ウラン原子のように, 自然に時間をかけて放射性崩壊をする原子核を**放射性原子核**といいます. 時間とともに数が減り, もとの数の半分になる時間を**半減期**といいます. 半減期は放射性原子核の種類によって時間が異なります. たとえばウランの半減期は数億年という長い時間ですが, ラドン（原子番号86）の半減期は3.8日です. 図14-11のように, はじめの放射性原子核の数を1とすると, 時間とともに崩壊して減っていき, 半減期の時間が立つと半分の数の0.5になり, 次の半減期では元の$\frac{1}{4}$の0.25となります.

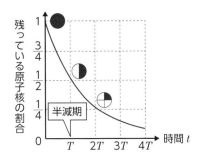

図14-11 半減期

　放射性原子核のはじめの原子の個数をN_0とし，ある時間tたった後の原子核の数をNとすると，Nは次の式で表すことができます．

公式

$$N = \left(\frac{1}{2}\right)^{\frac{t}{T}} \times N_0$$

　半減期の公式を使うと，たとえば遺跡に含まれる放射性原子核の個数を測定することで，作られた当時の年代を推定することができます．

核分裂と連鎖反応

　質量数が多く不安定なウランなどの原子核に，中性子をぶつけて刺激を与えると原子核を分裂させることができます．質量数の大きな原子核が，それよりも小さな原子核に分裂することを**核分裂**といいます．核分裂が起こると原子核のなかで陽子を結びつけていた核力の一部が開放され，膨大なエネルギーが発生します．またこのエネルギーとともに，中性子も数個発生します．この中性子がまたほかのウラン原子核に衝突し，そのウランが核分裂を起こします．このようにして次々に核分裂が起こることを**連鎖反応**といいます（**図14-12**）．

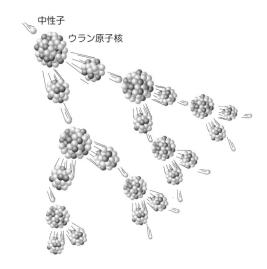

中性子
ウラン原子核

図14-12 核分裂の連鎖反応

　人工的に連鎖反応を起こし，反応速度を調節すると，ウランからでる核エネルギーを操作することができます．この装置を**原子炉**といい，このエネルギーで発電することを**原子力発電**といいます．

実験してみよう！

ビールの泡の崩壊と半減期

　ビールを使ってビールの泡の崩壊の様子を観察する，放射性崩壊のモデル実験をやってみましょう．ビールの泡はどのように減っていき，その半減期はどのくらいなのでしょうか．

準備

メスシリンダー，ビール（ノンアルコールビールでも可），スマートフォンやタブレット PC など

方法

❶　ビールをメスシリンダーに注いで，その様子をスマートフォンやタブレット PC などの動画機能をつかって 2 分撮影します（図1）．

❷　iPad で撮影した動画を見ながら，動画を動かして，5 秒毎にビールの液面の高さ（mL）を読み取り，記録します．

❸　最終的に泡がなくなったときの液面の高さを記録して，それぞれの高さから引き去り，泡の量をもとめます．泡の大きさはそれぞれの泡で異なるので，どれだけの量の液体が泡になっていたのかを計算します（図2）．

❹　縦軸に泡の量（mL），横軸に時間（s）をとって，グラフを作ってみましょう．また半減期を求めてみましょう．

図1　撮影

結果例

　図3のように泡が指数関数的に変化するグラフが出来上がります．

$$y = 30 \left(\frac{1}{2} \right)^{\frac{t}{19}}$$

　半減期は，およそ 19 秒でした．ビールの泡の場合，ビールの種類，温度によって，半減期は違うようです．また得られたデータや数式について，片対数グラフにまとめるとどのようになるのか，調べてみましょう（図4）．

　自然界にはビールの泡の他にも，ウイルスの感染数など，対数的に変化するものが数多く見られます．

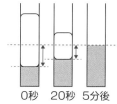

0秒　20秒　5分後

図2　泡の量の読み方

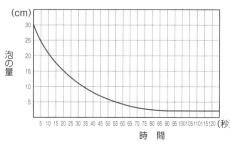

図3　グラフにまとめた（一例）

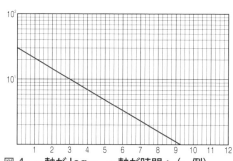

図4　y 軸が $\log y$，x 軸が時間 t（一例）

第14章 章末問題

① 次の（1）～（4）の原子の陽子の数と中性子の数を答えなさい.

（1）$^{14}_{7}\text{N}$　（2）$^{12}_{6}\text{C}$　（3）$^{17}_{8}\text{O}$　（4）$^{226}_{88}\text{Ra}$

② 次の空欄（A）～（D）に入る言葉を書きなさい.

　p型半導体のキャリアは（　A　）であり，（　B　）の電気をもっている. そのため電場を加えると，(A)は電場の方向と（　C　）の方向に動いていく. p型半導体に含まれるリンの価電子は（　D　）個である.

③ 次の各問に答えなさい.

（1）$^{238}_{92}\text{U}$ の原子核が1回 α 崩壊した. 崩壊後の原子核の原子番号と質量数を答えなさい.

（2）（1）に引き続き，2回 β 崩壊した. 崩壊後の原子核の原子番号と質量数を答えなさい.

（3）$^{238}_{92}\text{U}$ の原子核が $^{226}_{88}\text{Ra}$ になった. α 崩壊と β 崩壊は何回ずつ起こったか答えなさい.

④ 半減期が10分の放射性物質がある. 30分後にはこの放射性物質の量ははじめの何倍になっているか答えなさい.

章末問題 解答

第1章

①

（1）意味：**質量**　単位：kg（質量は英語でmassなので m を使う）

（2）意味：**速度**　単位：m/s（速度はvelocityなので v を使う）

（3）意味：**時間**　単位：s（時間はtimeなので t を使う）

②

（1）$10^{(3+5)}$ $= 10^8$

（2）$10^{(-3-4)}$ $= 10^{-7}$

（3）$10^{(5-3)}$ $= 10^2$

③

（1）0.01 m　　（2）100 km　　（3）1000 μm

　c（センチ）は 10^{-2} を，k（キロ）は 10^3 を，m（ミリ）は 10^{-3} を，μ（マイクロ）は 10^{-6} を示します.

④

（1）4桁　　（2）2桁　　（3）4桁　　（4）1桁

　（2）や（4）のように頭についた0は位取りの0なので，有効数字には数えません. しかし②のようにお尻についた0は有効数字として数えます.

⑤

（1）2.99800000.
　　　↑8 7 6 5 4 3 2 1↑
　　Goal　　　　　　Start

　　　= 2.998 × 10^8

　　　= 3.0 × 10^8 m/s

（2）0.000…008.9 m³
　　　↑1 2 3…15 16 17↑
　　Start　　　Goal

　　　= 8.9 × 10^{-17} m³

　目的の小数点までにある数字の数を数えて，指数の数を決めましょう. 小数点を左に動かした場合は +，右に動かした場合は − になります.

⑥

（1）v = 100 ÷ 18.3 = 5.464 = **5.46 m/s**

　有効数字はかけ算・わり算の場合，問題文に与えられた数値の最小桁数を使います.（1）は3桁（100, 18.3）. よって4桁目を四捨五入します.

（2）30.2 × 9.8 = 295.96 = 2.9596 × 10^2 = **3.0 × 10^2**

　問題文で与えられた数値の最小桁数は2桁（9.8）. よって3桁目を四捨五入します.

（3）10.3 + 9.832 = 20.132 = **20.1 m**

　足し算，引き算のみの場合は，有効数字は問題文で与えられた小数点以下の最小桁数. よって，小数点以下1桁（10.3）までが有効数字になります.

第2章

①

　$v = \dfrac{x}{t}$ に代入します. 単位に注意して計算しましょう.

　　$v = \dfrac{6 \times 1000}{20 \times 60}$ = **5.0 m/s**

②

　動く歩道とAさんは同じ方向に動いています. 右向きを正として速度を合成すると，

　　0.6 + 0.4 = **1.0 m/s**

　右方向に1.0 m/sの速さで動いているように見えます.

③

（1），（2）

　加速度は v-t グラフの傾きに対応しているので，0〜40秒，40〜100秒，100〜150秒のグラフの傾きを求めましょう.

　0〜40秒：

　　$a = \dfrac{v}{t} = \dfrac{+20}{+40}$ = 0.50 m/s²　**（1）の答え**

　40〜100秒：

　　$a = \dfrac{v}{t} = \dfrac{0}{+60}$ = 0 m/s²　**（2）の答え**

　問われていませんが，100〜150秒の加速度も求めると，

　　$a = \dfrac{v}{t} = \dfrac{-20}{50}$ = −0.40 m/s²

負の加速度は，進行方向と逆の加速度，つまり減速を示しています.

（3）v-t グラフの面積は移動距離に対応しているので，以下の台形の面積を求めてみましょう.

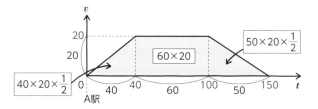

0〜40 s の三角形の面積

　　= 40 × 20 × $\dfrac{1}{2}$ = 400 m ……①

40〜100 s の四角形の面積

　　= 60 × 20 = 1200 m ……②

100～150 s の三角形の面積

$$= 50 \times 20 \times \frac{1}{2} = 500\,\text{m} \cdots\cdots③$$

式①～③の面積を足せば，A駅とB駅の距離は，
$400 + 1200 + 500 = 2100 = 2.1 \times 10^3\,\text{m}$

④

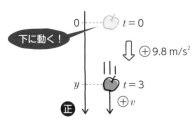

$a : +9.8,\ v_0 : 0,\ y_0 : 0$

物体は下に動くので，下向きに y 軸をのばします．等加速度直線運動の公式より，

$$y = \frac{1}{2}at^2 + v_0 t + y_0 = \frac{1}{2}9.8\,t^2 = 4.9\,t^2$$

$$v = at + v_0 = 9.8\,t$$

これらの公式の t に 3 を入れれば，**速度は29.4 m/s**，**落下距離は44.1 m**．

⑤

距離の式と速度の式を作ると

$$y = \frac{1}{2}(-9.8)t^2 + 4.9t \qquad\cdots\cdots①$$

$$v = (-9.8)t + 4.9 \qquad\cdots\cdots②$$

地面に落ちてくることから，式①の y に 0 を代入すると，

$0 = -4.9t^2 + 4.9t$

$t = 0 と 1$

となります．よって 1.0 秒後に物体は地面に戻ってきます．このときの物体の速度を式②から求めると，

$v = (-9.8) \times 1 + 4.9 = -4.9\,\text{m/s}$

となります．これらをもとに v-t グラフにプロットすると，

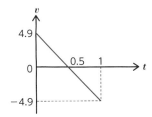

となります．グラフの傾きは -9.8 です．問題とは関係ありませんが，0.5 秒後に速度が 0 となることから，物体が最高点に達したことがわかります．

---

第3章

①

はじめに重力を描き，次に物体に触れているものから受ける力を見つけて描きましょう．

（1）

（2）

（3）

（4）

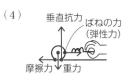

（5）

（6）

②

Aにはたらく力：F_1，F_3，F_4
作用反作用の関係にある力：F_2とF_4
F_2は物体が糸を引く力．F_4は糸が物体を引く力です．

③

（1）

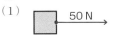

（2）

（3）

④

物体はいずれも静止しているので，力のつり合いの式を作って求めていきましょう．

（1）摩擦力 F

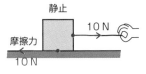

$F = 10$
（左向きの力 = 右向きの力）
答え：摩擦力は10 N

（2）垂直抗力 N

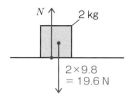

はじめに重力を計算します.
$$W = mg = 2 \times 9.8 = 19.6\,\text{N}$$
よって垂直抗力は上下の力のつり合いから,
N = 19.6
（上向きの力 ＝ 下向きの力）
　　答え：垂直抗力は19.6 N

（3）張力 T

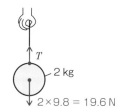

重力を計算します.
$$W = mg = 2 \times 9.8 = 19.6\,\text{N}$$
よって張力は上下の力のつり合いから,
$T = 19.6$
（上向きの力 ＝ 下向きの力）
　　答え：張力は19.6 N

（1）右向きに10 Nの力がはたらいているので, 運動法方程式より,
$$ma = F$$
$$2 \times a = 10$$
$$a = 5.0$$
　　答え：加速度は右向きに5.0 m/s²

（2）2本の力を合成すると, 右向きに5 － 3 ＝ 2 Nの力が残るので,
$$ma = F$$
$$2 \times a = 2$$
$$a = 1.0$$
　　答え：加速度は右向きに1.0 m/s²

（3）重力を計算すると,
$$W = mg = 2 \times 9.8 = 19.6$$
下向きに19.6 Nの力がはたらいているので,
$$ma = F$$
$$2 \times a = 19.6$$
$$a = 9.8$$
　　答え：加速度は下向きに9.8 m/s²

（4）重力は（3）と同様に19.6 Nです. 上向きを正として力を合成すると

29.4 － 19.6 ＝ 9.8 N
となり, 上に9.8 Nの力が残りました. これを運動方程式に代入すると,
$$ma = F$$
$$2 \times a = 9.8$$
$$a = 4.9$$
　　答え：加速度は上向きに4.9 m/s²

第4章

①
圧力の公式に代入しましょう. 単位に注意をしましょう.
$$1.4 \times 10^2\,\text{cm}^2 \rightarrow 1.4 \times 10^{-2}\,\text{m}^2$$
$$P = \frac{F}{S} = \frac{50 \times 9.8}{1.4 \times 10^{-2}} = 3.5 \times 10^4\,\text{N/m}^2$$

②
次の図のように深さ2 mの場所に置いた底面積1 m² の上に乗る水の重さが, その場所の水圧になります. この直方体の水の重さを求めると,

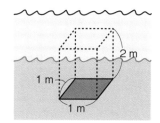

$$P = \frac{F}{S} = \frac{W}{S} = \frac{mg}{1} = \frac{\rho V g}{1}$$
$$= (1.0 \times 10^3) \times (1 \times 1 \times 2) \times 9.8 = 19600 = 2.0 \times 10^4\,\text{N/m}^2$$

③
アルキメデスの原理から浮力の大きさは, 水に沈んでいる部分の物体の体積に水の密度と重力加速度をかけることによって求めることができます.
① 水に沈んでいる部分の体積は,
$$V = 0.02 \times 0.05 \times 0.06 = 6.0 \times 10^{-5}\,\text{m}^3$$
よって浮力は
$$F = \rho V g = (1.0 \times 10^3) \times (6.0 \times 10^{-5}) \times 9.8 =$$
$$58.8 \times 10^{-2} = 5.9 \times 10^{-1}\,\text{N}$$
② 水に沈んでいる部分の体積は,
$$V = (0.1 - 0.03) \times 0.05 \times 0.06 = 2.1 \times 10^{-4}\,\text{m}^3$$
よって浮力は
$$F = \rho V g = 1.0 \times 10^3 \times 2.1 \times 10^{-4} \times 9.8 =$$
$$20.58 \times 10^{-1} = 2.1\,\text{N}$$

③ 水に沈んでいる部分の体積は，

$$V = 0.1 \times 0.05 \times 0.06 = 3.0 \times 10^{-4}\,\mathrm{m}^3$$

よって浮力は

$$F = \rho V g = 1.0 \times 10^3 \times 3.0 \times 10^{-4} \times 9.8 = 29.4 \times 10^{-1}$$
$$= 2.9\,\mathrm{N}$$

N_1：腕の長さは2 mなので，

$$N_1 = F_1 L = 2 \times 2 = 4.0\,\mathrm{Nm}$$

N_2：腕を押したり，引いたりしても棒は回転しないので0 Nm

N_3：棒を回転させる力は，棒と垂直にはたらく力です．次の図のように力を分解すると，垂直方向は，$4\sin30°$．腕の長さは2 mなので，力のモーメントは，

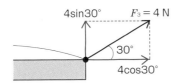

$$N_3 = F_3 L = 4\sin30° \times (4 - 2) = 4.0\,\mathrm{Nm}$$

第5章

投げた直後の物体の力学的エネルギーは，

$$運動エネルギー = \frac{1}{2}mv_0^2$$

$$位置エネルギー = mgh$$

地面に落下したときの力学的エネルギーは

$$運動エネルギー = \frac{1}{2}mv'^2$$

$$位置エネルギー = 0\,\mathrm{J}$$

途中で外力がはたらいていないので，力学的エネルギーは保存します．

$$\frac{1}{2}mv_0^2 + mgh = \frac{1}{2}mv'^2$$

$$v' = \sqrt{v_0^2 + 2gh}$$

②

はじめにCの速度v_Cを求めてみましょう．地上を位置エネルギーの基準として，AとCの力学的エネルギーの保存を考えると，

$$mgh_A = \frac{1}{2}mv_C^2 \quad （ⅰ）$$

v_Cについて解くと，

$$v_C = \sqrt{2gh_A}$$

となり，C点での速度v_Cを求めることができました．

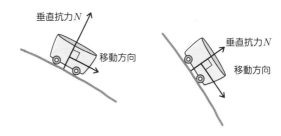

このとき外力の垂直抗力が気になるかもしれません．垂直抗力は台車の移動方向に対して常に垂直にはたらいています．運動方向と垂直な力のする仕事は0です．よって垂直抗力Nのする仕事は0となり，外力である垂直抗力Nの仕事を考える必要はありません．

すべての原動力はAの位置エネルギーなので，高さが同じCとEは同じ速度，BとDは同じ速度になります．

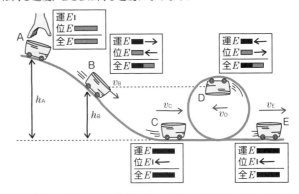

Bの速度v_Bを求めてみましょう．AとBの力学的エネルギーの保存則からv_Bは，

$$mgh_A = \frac{1}{2}mv_B^2 + mgh_B$$

$$v_B = \sqrt{2g(h_A - h_B)}$$

よって答えは次のとおりとなります．

$$v_B = v_D = \sqrt{2g(h_A - h_B)}$$

$$v_C = v_E = \sqrt{2gh_A}$$

③

ばねを縮めたときの力学的エネルギーは，弾性エネルギーのみで

$$E = \frac{1}{2}kx^2 = \frac{1}{2} \times 20 \times (0.3)^2 = 0.90\,\mathrm{J}$$

自然の長さに戻ったときの力学的エネルギーは，運動エネルギーのみなので，

$$E = \frac{1}{2}mv^2 = \frac{1}{2} \times 0.2 \times v^2 = 0.1v^2$$

力学的エネルギーの保存より，

$$0.9 = 0.1v^2$$

$$v = 3.0\,\mathrm{m/s}$$

④

はじめの状態で物体のもっている力学的エネルギーを計算すると，運動エネルギーのみなので

$$力学的エネルギー = \frac{1}{2} \times 4 \times 10^2 = 200\,\text{J}$$

また最終的に静止したときの力学的エネルギーは0Jです．摩擦力という外力が働いているので，摩擦力の負の仕事を加えたエネルギーの保存の式を作りましょう．

$$200 + (-W) = 0$$

（はじめの力学的エネルギー＋仕事＝あとの力学的エネルギー）

この式からWを求めると，

$$W = 200 = 2.0 \times 10^2\,\text{J}$$

⑤

（1）物体がはじめにもっている力学的エネルギーは，運動エネルギーのみで，$\frac{1}{2}mv_0^2$．また速度が半分になったときの力学的エネルギーは，運動エネルギーのみで$\frac{1}{2}m\left(\frac{v_0}{2}\right)^2$．よって力学的エネルギーの変化量（あとの運動エネルギー － はじめの運動エネルギー）は，

$$\frac{1}{2}m\left(\frac{v_0}{2}\right)^2 - \frac{1}{2}mv_0^2 = -\frac{3}{8}mv_0^2$$

つまり，$\frac{3}{8}mv_0^2$減少したことがわかります．

（2）摩擦のした仕事Wを加えてエネルギーの保存の式を作ります．

$$\frac{1}{2}mv_0^2 + (-W) = \frac{1}{2}m\left(\frac{v_0}{2}\right)^2$$

（はじめの力学的エネルギー ＋ 仕事 ＝ あとの力学的エネルギー）

この式を解くと，

$$W = \frac{3}{8}mv_0^2$$

となります．

第6章

①

（1）$P = 0.10 \times 10 = 1.0\,\text{kgm/s}$
　　向きは**東向き**

（2）$P = 0.10 \times 5 = 0.50\,\text{kgm/s}$
　　向きは**南向き**

②

右向きを正として，力積を含めた運動量の式を作りましょう．

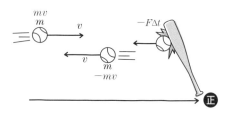

$$mv + (-F\Delta t) = -mv$$

（はじめの運動量＋力積＝あとの運動量）

$$F\Delta t = 2mv$$

この式から，力積の大きさは$2\,mv$となります．

③

AとBには外力が働いていないため，運動量の保存の式を作りましょう．図の右向きを正とし，Bの分裂後の速度をVとして正にして計算をしていきます．

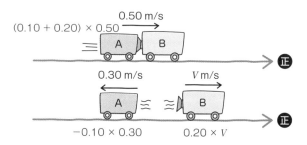

$$(0.10 + 0.20) \times 0.50 = (-0.1 \times 0.30) + 0.20 \times V$$

（はじめの運動量 ＝ あとの運動量）

$$V = 0.90\,\text{m/s}$$

値が正になったので，Bは**右向きに0.90 m/s**で動くことがわかります．

④

p.47の3つの手順に従って作図をしていきます．

（1）次の図より，相対速度は**南向きに15 m/s**になります．

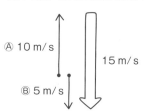

（2）次の図より，相対速度は南東向きに$10\sqrt{2} = 14$ m/sになります．

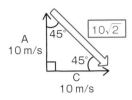

⑤

人形と同じように，エレベーターに乗った立場で考えてみましょう．人形にはたらく力は，図のように重力と垂直抗力，そして慣性力です．エレベーター全体が上向きに加速をしているので，慣性力の大きさは下向きに$m \times 1.2$としましょう．

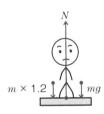

エレベーターに乗っている人からみれば，この人形は止まっているようにみえるので，力のつり合いの式を作りましょう．

$N = mg + m \times 1.2$
（上向きの力 ＝ 下向きの力）
$N = 5 \times 9.8 + 5 \times 1.2$
$N = 55$ N（ニュートン）

第7章

①

A 融点　B 融解熱　C 潜熱

②

30℃の絶対温度は$30 + 273 = 303$ K，同様に38℃は311 Kです．
$Q = mc\varDelta T$に問題文の条件を代入すると，
$400 = 200\,c(311 - 303)$
比熱cについて解くと，
$c = 0.25$ J/（g・K）
この比熱にもっとも近いのは，表のうち銀です．
なお$\varDelta T$は2つの温度差を示しているので，絶対温度Kで計算してもセルシウス温度℃で計算しても，同じ結果になります．

③

最終的な温度をt℃として，それぞれ得た熱量，失った熱量を求めましょう．
　水が得た熱量
　　$Q = mc\varDelta T = 450 \times 4.2 \times (t - 45)$
　鉄が失った熱量
　　$Q = mc\varDelta T = 420 \times 0.45 \times (100 - t)$
　熱量保存の法則より，
　　$450 \times 4.2 \times (t - 45) = 420 \times 0.45 \times (100 - t)$
　（水が得た熱量 ＝ 鉄が失った熱量）
この式をtについて解くと，
　$t = 50$℃

④

（1）絶対温度の公式より，
　　$T = 273 + t = 273 + 27 = 3.0 \times 10^2$ K
（2）ボイル・シャルルの法則（$\dfrac{PV}{T} = $一定）を使うと，

$$\frac{(2.0 \times 10^5) \times (2.0 \times 10^{-2})}{(273 + 27)} = \frac{(1.5 \times 10^5) \times V}{(273 + 27)}$$

　（変化前 ＝ 変化後）
　Vについて解くと，
　$V = 2.66 \times 10^{-2} = 2.7 \times 10^{-2}$ m³
（3）ボイル・シャルルの法則より，
$$\frac{(2.0 \times 10^5) \times (2.0 \times 10^{-2})}{(273 + 27)} = \frac{(2.0 \times 10^5) \times V}{(273 + 77)}$$
　（変化前 ＝ 変化後）
Vについて解くと，
　$V = 2.33 \times 10^{-2} = 2.3 \times 10^{-2}$ m³

⑤

（1）ピストンが固定されているので，気体は仕事をしません．熱力学第一法則より，
　　$Q = \varDelta U + W$
　　$100 = \varDelta U + 0$
　　$\varDelta U = 100$ J
（2）小さくなります．
　与えられた熱は，気体の内部エネルギーの増加以外にも，外部へ向かってする仕事に使われるため，内部エネルギーは100 Jよりも小さくなります．

第8章

①

グラフを読み取ると，振幅は0.20 m,波長は4.0 mということがわかります．振動数は波の公式 $v = f\lambda$ より，

$$v = f\lambda$$
$$6 = f \times 4$$
$$f = 1.5\,\mathrm{Hz}$$

周期は振動数との関係から，

$$T = \frac{1}{f} = 0.666 = 0.67\,\mathrm{s}$$

y-t グラフを作りましょう．y-x グラフの波を少し進行方向に動かして，媒質Aの振動方向を考えると次の図のようになり，媒質Aは上に動くことがわかります．

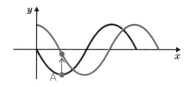

よって媒質Aは，はじめ−0.2の高さから，次の瞬間に上に移動をはじめるので，次のグラフのようになります．グラフには周期0.67と振幅0.2も書きましょう．

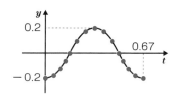

②

（1），（2）　媒質はばね振り子のように，上下に振動しています．一番上や一番下の折り返し地点にいるとき，媒質は一瞬静止し，振動の中心（$y = 0$）の場所にいるとき，媒質の速度は最大になります．よって静止している媒質は，振幅が最大の位置にいる，A, C, Eとなります（（1）の答え）．また速度が最大の媒質は，中心にいるB, D, Fとなります（（2）の答え）．

③

（1）干渉　　（2）反射　　（3）屈折

④

（1）2つの波の山と山，谷と谷が重なったとき，波の高さは最大になります．

$$1 + 1 = 2.0\,\mathrm{m}$$

（2）定常波の腹と腹の間隔は，元の波の波長の半分になります．

$$\frac{4}{2} = 2.0\,\mathrm{m}$$

第9章

①

A　高い　B　ドップラー効果　C　小さ（短か）

②

可視光のなかでは赤がもっとも波長が長く，紫がもっとも波長が短いということを覚えておきましょう．
紫＜青＜緑＜黄色＜オレンジ＜赤

③

屈折率の公式より，

$$v = \frac{3.0 \times 10^8}{1.5} = 2.0 \times 10^8\,\mathrm{m/s}$$

④

入射角と反射角はかならず等しくなるので，**反射角は60°**になります．また入射角が60°，屈折角が30°であるので，屈折の公式より，

$$\frac{\sin 60°}{\sin 30°} = \frac{n}{1}$$

n について求めると，

$$n = \sqrt{3} = 1.73 = 1.7$$

⑤

作図は次のようになります．

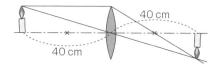

焦点距離は，凸レンズの公式を使うと，

$$\frac{1}{40} + \frac{1}{40} = \frac{1}{f}$$

f について求めると，

$$f = 20\,\mathrm{cm}$$

第10章

①

1 mの場所の電場：

$$E = k\frac{Q}{r^2} = 9.0 \times 10^9 \times \frac{4.0}{1^2} = 3.6 \times 10^{10} \text{ N/C}$$

2 mの場所の電場：

$$E = k\frac{Q}{r^2} = 9.0 \times 10^9 \times \frac{4.0}{2^2} = 9.0 \times 10^9 \text{ N/C}$$

②

$$F = qE = 0.05 \times 16 = 0.80 \text{ N}$$

③

電位の公式にあてはめると，

$$V = k\frac{Q}{r} = 9.0 \times 10^9 \times \frac{4}{2} = 1.8 \times 10^{10} \text{ V}$$

となります．また電位とエネルギーの関係から，

$$U = qV = 0.01 \times 1.8 \times 10^{10} = 1.8 \times 10^8 \text{ J}$$

④

（1）Aが原点に作る電位 V_A を求めると，

$$V_A = -\frac{kQ}{a}$$

同様にBが原点に作る電位 V_B を求めると，

$$V_B = +\frac{kQ}{a}$$

2つの電位を足しあわせると，

$$V = V_A + V_B = -\frac{kQ}{a} + \frac{kQ}{a} = 0$$

よって電位は0 Vになります．

（2）次の図のように，＋1 Cの電荷を原点において考えてみましょう．Aが作る電場によって，電荷は x 軸負の向きに，Bが作る電場によって，電荷は x 軸の負の向きに力を受けます．よって電場の向きは x 軸負の向きとなります．

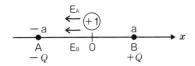

電場の大きさはA，B別々に求めてから足しあわせてみましょう．
Aが作る原点の電場 E_A の大きさを求めると，

$$E_A = \frac{kQ}{a^2}$$

Bが作る原点の電場 E_B の大きさを求めると，

$$E_B = \frac{kQ}{a^2}$$

よって，電場の大きさは，

$$E = E_A + E_B = \frac{kQ}{a^2} + \frac{kQ}{a^2} = \frac{2kQ}{a^2}$$

第11章

①

電流は電池の正極から出て負極へ戻るので，イが正解です．電子は電池の負極から出て正極へ戻るので，アが正解です．

②

$I = \dfrac{Q}{t}$ より，

$$Q = It = 1 \times 30 = 30 \text{ C}$$

③

（1）AとBは直列接続なので合成抵抗の公式にあてはめると，

$$R = 2 + 5 = 7 \text{ }\Omega$$

となります．2つの電池の電圧を合わせると3 Vなので，回路全体に流れる電流はオームの法則より，

$$I = \frac{V}{R} = \frac{3}{7} = 0.428 = 0.43 \text{ A}$$

（2）AとBは並列接続なので合成抵抗の公式にあてはめると，

$$\frac{1}{R} = \frac{1}{2} + \frac{1}{4}$$

$$R = \frac{4}{3}$$

このとき回路全体に流れる電流は，オームの法則から

$$I = \frac{10}{\frac{4}{3}} = 7.5 \text{ A}$$

④

明るさは電力に比例します．電力を求めるために，各抵抗（電球）に流れる電流と電圧を調べていきます．

AとBを合成し，合成抵抗 R_{AB} を求めると，

$$\frac{1}{R_{AB}} = \frac{1}{0.5} + \frac{1}{0.5}$$

$$R_{AB} = 0.25 \text{ }\Omega$$

次に R_{AB} とCの抵抗を合成し，合成抵抗 R_{ABC} を求めます．

$$R_{ABC} = 0.25 + 0.5 = 0.75$$

回路全体に流れる電流はオームの法則から求めると，

$$I = \frac{V}{R_{ABC}} = \frac{(1.5 + 1.5)}{0.75} = 4 \text{ A}$$

よって各抵抗に流れる電流は，A・Bはそれぞれ2A，Cに流れる電流は4 Aとなります．オームの法則より，A・Bの電球にかかる電圧 V_A，V_B は，

$$V_A, V_B = IR = 2 \times 0.5 = 1 \text{ V}$$

よって電力 P_A，P_B はともに，

$$P_A, P_B = IV = 2 \times 1 = 2 \text{ W （A, Bの電力）}$$

また抵抗Cにかかる電圧はオームの法則により，

$V_C = IR = 4 \times 0.5 = 2$ V

よって電力 P_C は，

$P_C = IV = 4 \times 2 = 8$ W （Cの電力）

よって一番明るく光るのは，電力が大きい**Cの電球**です．

第12章

①

磁力線はN極から出て，S極に入っていきます．

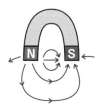

②

右ねじの法則より，右手を「グー」の形にして親指を下に向けると，時計回りの回転の磁場ができる事がわかります．よって**正解はエ**．

③

右手を「グー」とし人差し指から小指を電流の回転方向に合わせると，親指は上のアの方向を向きます．よって**正解はア**．

④

フレミングの法則を使って，向きを求めていきましょう．

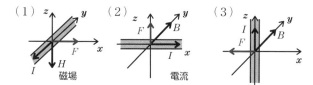

⑤

$F = LIB$ の公式に代入すると，

$F = LIB = 0.20 \times 2 \times 1.5 = 0.60$ N

となります．向きはフレミングの法則より，**z軸負の向き**です．

第13章

①

（1）BからA

S極がコイルに近づいてくると，コイルを貫く上向きの磁束が増えます．この磁束の変化を妨げるように，コイルには下向きに磁束を作るようにBからAに電流が流れます．

（2）AからB

S極がコイルから遠ざかると，コイルを貫く上向きの磁束が減ります．この磁束の変化を妨げるように，コイルには上向きに磁束を作るように，AからBに電流が流れます．

（3）AからB

コイルがS極から遠ざかると，コイルを貫く上向きの磁束が減ります．よってコイルには（2）と同じようにAからBに電流が流れます．

②

磁束と磁束密度の公式から，

$\phi = 1.5 \times 0.01$

$= 1.5 \times 10^{-2}$ Wb

③

導線の中の電子の動きを考えます．導線の動きにあわせて導線の中にある電子も右方向に動いているので，ローレンツ力はPの方向に働きます（電子は−の電気をもっているので注意！）．よってPには−の電荷がたまるため，Pは電位が低くなり相対的に**Qは電位が高くなります**．

また直線導線の誘導起電力の公式にあてはめると，

$V = BLv = 0.5 \times 0.30 \times 0.10 = 1.5 \times 10^{-2}$ V

④

電圧と巻き数の公式から，

$V_1 : V_2 = N_1 : N_2$

$100 : V_2 = 1 : 2$

$V_2 = 200$ V

⑤

X線 ＜ 紫外線 ＜ 可視光線 ＜ 赤外線 ＜ テレビ通信用電波

第14章

①

陽子数は左下に書かれている原子番号と同じ数です．また左上の質量数は陽子の数と中性子の数を足した和を示しています．

　　質量数 ＝ 陽子数 ＋ 中性子数

　この式を中性子数について解くと，

　　中性子数 ＝ 質量数 − 陽子数

となります．この式から中性子の数を計算しましょう．

（1）陽子数7個，中性子数7個($= 14 - 7$)
（2）陽子数6個，中性子数6個($= 12 - 6$)
（3）陽子数8個，中性子数9個($= 17 - 8$)
（4）陽子数88個，中性子数138個($= 226 - 88$)

②

（1）正孔　　（2）＋　　（3）同じ　　（4）3

③

　α 崩壊は $^4_2$He が飛び出ていくため，質量数は -4，原子番号は -2 となります．また β 崩壊は中性子が陽子に変化することから，原子番号は $+1$ となります．

（1）質量数は234，原子番号は90．
（2）質量数は234，原子番号は92．
（3）α 崩壊は x 回，β 崩壊は y 回起こったとします．

　質量数の変化は α 崩壊でしか起こらないので，

　　$226 = 238 - 4x$

また原子番号の変化は α 崩壊で -2，β 崩壊で $+1$ されるので，

　　$88 = 92 - 2x + y$

この式を連立させて解くと，

　　x = 3回(α 崩壊)，y = 2回(β 崩壊)

④

　はじめの量を N_0 個，現在の個数を N 個とすると，半減期の公式より

$$N = \left(\frac{1}{2}\right)^{\frac{30}{10}} N_0$$

　N について解くと，

$$N = \frac{1}{8} N_0$$

よって $\frac{1}{8}$ 倍．

索引

日本語索引

外国語索引

●○ 監修者略歴

時政孝行 久留米大学客員(生理学) 教授

久留米大学大学院博士課程修了後，久留米大学医学部助教授，東海大学医学部教授を経て，2001年から現職．
おもな専門領域は生理学，薬理学，内科学．医学部生に対する講義・実習指導に加え，リハビリテーション専門学校や看護学校での教育歴も豊富．著書は『はじめる！使える！薬理学（南山堂）』，『看護に必要な やりなおし生物・化学（照林社）』，『看護に必要な やりなおし数学・物理（照林社）』，『なぜこうなる?心電図一波形の成立メカニズムを考える（九州大学出版会）』，『看護計算 薬用量計算トレーニング（エルゼビア・ジャパン）』，『かぶとやまの薬草（新風舎）』など．

●○ 著者略歴

桑子 研 共立女子中学校 教諭

筑波大学大学院修了後，2006年から現職．
理科教師として務めるかたわら，サイエンストレーナーとして全国で実験教室などを開催．その他にテレビ等の科学番組の出演やアドバイス，東京書籍の教科書編集委員なども行っている．著書は『大人のための高校物理復習帳』（講談社），『やさしくわかりやすい物理基礎』（文英堂），『きめる！共通テスト物理基礎』（学研）など．

教養基礎シリーズ
まるわかり！基礎物理

2011 年 11 月 20 日　1 版 1 刷	©2021
2018 年 2 月 5 日　　　5 刷	
2021 年 3 月 15 日　2 版 1 刷	

監修者　　　　著　者
ときまさたかゆき　　くわこ　けん
時政孝行　　桑子　研

発行者
株式会社 南山堂　代表者 鈴木幹太
〒113-0034　東京都文京区湯島 4-1-11
TEL 代表 03-5689-7850　www.nanzando.com

ISBN 978-4-525-05432-8

A0543210201-A